落地式空中造楼机建造高层混凝土建筑研究与示范

仲继寿　编著

中国建筑工业出版社

图书在版编目（CIP）数据

落地式空中造楼机建造高层混凝土建筑研究与示范 /
仲继寿编著. — 北京：中国建筑工业出版社，2018.6
ISBN 978-7-112-22290-2

Ⅰ. ①落… Ⅱ. ①仲… Ⅲ. ①高层建筑－建筑机械－
标准 Ⅳ. ①TU64-65

中国版本图书馆 CIP 数据核字(2018)第 118551 号

本书主要内容源自国家"十三五"重点研发计划项目课题"超高层建筑落地式钢
平台与设备设施一体的智能化大型造楼集成组装式平台系统"的研究成果。课题面向
80～180m 超高层钢筋混凝土结构现场工业化建造，成功研发设备设施一体的落地式大
型智能造楼平台系统。研究突破了多点支撑钢平台智能同步升降、墙梁模板精准定位
与自动开合、钢平台系统高空高效安装与拆卸、物料垂直与水平运输、设备设施与多
功能操作平台集成、混凝土全覆盖智能浇筑与养护等关键技术，形成了落地式空中造
楼机成套装备，以及产品标准、控制系统、建造工法、技术规程和应用方案等配套软
件，实现了关键技术的工程应用示范。

责任编辑：李笑然　牛　松
责任校对：芦欣甜
校对整理：张惠雯

落地式空中造楼机建造高层混凝土建筑研究与示范
仲继寿　编著
*
中国建筑工业出版社出版、发行（北京海淀三里河路 9 号）
各地新华书店、建筑书店经销
北京红光制版公司制版
建工社（河北）印刷有限公司印刷
*
开本：787 毫米×1092 毫米　1/16　印张：14¼　字数：308 千字
2023 年 10 月第一版　　2023 年 10 月第一次印刷
定价：**62.00** 元
ISBN 978-7-112-22290-2
（32173）

Foreword 前言

2010 年，深圳市协鹏建筑与工程设计有限公司原总建筑师董善白先生最先提出"空中造楼机"的设想及其工艺模型。历时 12 年，"空中造楼机"项目以国家"十三五"重点研发计划项目课题"超高层建筑落地式钢平台与设备设施一体的智能化大型造楼集成组装式平台系统"的验收作为重要节点，完成了落地举升式空中造楼机和落地爬升式空中造楼机的装备研制与工程示范，实现了高层/超高层钢筋混凝土结构工程现场的机械化、自动化建造，为我国建筑工业化的发展探索出了一条新的路径。

落地式空中造楼机基于"移动造楼工厂"理念，将现场施工所需的大型机械设备与操作平台、模架与模板系统、浇筑与养护系统、垂直与水平运输系统等设备设施集成在一个可智能同步升降的钢平台上，可实现竖向混凝土结构模板精准定位与自动支模和自动拆模、混凝土按层智能浇筑与自动养护、各类预制建筑构件高效便捷安装、平台与模板系统远程智能控制等机械化、自动化施工工艺，是一项以机器替代人工，实现超高层建筑工业化建造的大型建筑装备。参与落地式空中造楼机研发与工程示范的单位主要有：卓越置业集团有限公司，深圳市协鹏建筑与工程设计有限公司，深圳市卓越工业化智能建造开发有限公司，广东华楠骏业机械制造有限公司，中国建筑设计研究院有限公司，上海建工集团股份有限公司，东南大学，国家住宅与居住环境工程技术研究中心，国家住宅科技产业技术创新战略联盟，北京市建委住保办标准与信息化处，北京北起意欧替起重机有限公司，国家起重运输机械质量监督检验中心，北辰正方建设集团有限公司，浙江锐博建材有限公司，万华节能建材股份有限公司。

这是一条筚路蓝缕的创新之路，12 年的探索，12 年的坚守。出版本书，致敬所有参与落地式空中造楼机研发与工程示范的人：董善白、李晓平、柳雪春、林建平、姜兆黎、佟力、汪鼎华、孙诚、顾平圻、柳黎、常林润、吴京、王小安、李子旭、杨家骥、冯俊、童悦仲、金鸿祥、艾永祥、成志国、邱栋良、陶天华、张蔚、朱继胜、丁宁、武旭龙、陈伟光、代德齐、杨得志、吴凤霞、曹宇、董鑫、钟铮、陈义红、罗军、张建玺、张玉华、蔡晓晖、郭勇威、邱英亮、李孔兴、王义、李佐传、潘晓棠、杨芳、程开春、马靖、郑正献、刘环、张玉庭、霍文霖、湛江、张文全、赵永富、李许、周敏慧、郑海建、李改华、侯双旺、雷丽萍……

本书在编写过程中得到了广大落地式空中造楼机研发与示范单位的大力支持，在此表示衷心的感谢。由于编写时间仓促，书中难免有疏漏或不足之处，真诚期待各位专家、读者提出宝贵意见。

Contents 目录 ◥

插 图 清 单

插 表 清 单

研究背景与技术现状

　　超高层建筑落地式钢平台与设备设施一体的智能化大型造楼集成组装式平台系统，以下简称"落地式空中造楼机"或"空中造楼机"。它是基于"移动造楼工厂"理念，面向 180m 及以下的高层/超高层钢筋混凝土建筑，将工程现场现浇钢筋混凝土施工所需的模架与模板系统、浇筑与养护系统、垂直与水平运输系统等设备设施集成在一个能同步升降的空中建造平台上，实现预制构配件的精准定位、墙梁模板的自动开（拆）合（支）、混凝土的智能浇筑养护和建造平台的智能升降，并可运用人工智能和 5G 工业互联网技术实现远程控制的自动化建造方式，是一项以机器替代人工、实现工程现场现浇钢筋混凝土的工业化建造技术。

　　由于空中建造平台的竖向移动是依靠一组支撑在地面的升降柱通过举升或爬升实现的，与依靠超高层核心筒爬升的空中造楼机呼应，分别称为"落地式"空中造楼机和"附墙式"空中造楼机。与适合 180m 以上的"附墙式"空中造楼机，以及钢筋网（笼）自动化生产技术、自动寻址混凝土布料技术、管道集成与安装技术和现场 3D 打印技术等研发成果相结合，可形成覆盖超高层建筑全高度、现场施工全流程、工业化生产全链条的现浇钢筋混凝土建造成套技术与装备，对于加快传统建筑业和装备制造业转型升级，推动建筑业、制造业和信息产业的深度融合，促进建筑业实现"中国制造 2025"和早日实现"碳达峰"做出积极贡献。

1.1 研发落地式空中造楼机的必要性

1.1.1 建筑现场工业化的迫切需求

　　我国钢筋混凝土建筑工业化的发展始于 20 世纪 50 年代大规模城市建设时期，工厂化预制构件得到了普遍的应用。唐山大地震后，为了提高建筑抗震性能，现浇钢筋混凝土建筑体系获得了空前的发展。

　　近 20 年来，随着建筑品质要求提高、环境与资源可持续压力加大，预制装配钢筋混凝土建筑体系再次迎来了规模化发展。通过引进消化与自主研发，我国已经形成了多种装配整体式混凝土剪力墙结构体系技术，如叠合现浇预制剪力墙体系、预制外挂墙板现浇剪力墙体系、钢筋浆锚搭接预制剪力墙体系、集中约束钢筋浆锚搭接剪力墙体系，以及广泛使用的钢筋套筒灌浆连接预制剪力墙体系等。上述体系均基于"等同现浇"的装配整体式混凝土结构设计理念，因此必须符合现浇钢筋混凝土结构的抗震设计要求[1]。

2015 年，中国房地产业协会曾组织国家住宅与居住环境工程技术研究中心等单位开展了我国建筑工业化体系的现状调研[2]。结果表明，尽管我国装配整体式混凝土结构体系的示范应用高度已达到 100m，但由于技术工人短缺，现场施工质量尤其是竖向钢筋连接和预制剪力墙坐浆质量还不稳定；预制和现浇两种施工工艺交叉进行，造成现场作业质量和施工效率依然不高。因此，研究现浇钢筋混凝土工业化建造技术和工艺依然具有重要意义。

1.1.2 超高层建筑工业化的发展方向

城市高层与超高层住宅建设在大中城市核心区及其旧区改造中占有较大的比重，而剪力墙结构是高层与超高层住宅常用的结构体系。装配整体式剪力墙结构高度在 8 度（0.2g）设防烈度时为 80m，因此现浇仍是高层与超高层钢筋混凝土建筑的主要建造方式。

高层与超高层建筑施工面临的挑战包括：一是机械化程度低。钢筋绑扎、模板支设、混凝土浇筑等机械化和自动化程度低、劳动强度大。二是受环境影响大。露天作业、受天气及外部环境因素影响大，高温及阴雨天气影响施工效果。三是安全防护差。现场临边作业和悬空作业普遍，劳动保护设施简陋，安全防护难以切实保障。四是作业面冲突。多专业在同一作业面上展开，工序交叉繁多，严重影响施工组织效率，存在诸多安全、质量隐患。

因此，研发适用于高层与超高层剪力墙结构的轻量化施工作业集成平台，将平台升降系统、钢平台系统、物料运输系统、模板系统、浇筑养护系统、挂架系统、辅助作业与安全防护系统 7 大系统，以及浇筑、运输、养护等大型设备设施集成在一起，实现平台安全高效升降、混凝土高效布料与喷淋养护、全天候施工保障等精益建造功能，可有效解决超高层建筑施工的诸多问题。

1.1.3 完善工业化建造技术体系的需要

选择 80～180m 高层与超高层建筑作为落地式空中造楼机的建造对象，主要基于以下原因：

1. 结构体系适用高度的要求

目前，我国高层住宅的结构形式主要为现浇钢筋混凝土剪力墙结构，而混凝土结构房屋适用的最大高度一般在 180m 以下（钢筋混凝土筒中筒结构在设防烈度 6 度时的适用最大高度为 180m）[3]。

目前，对于混凝土结构，一般采用竖向和水平结构同步施工方式，并采用爬架作为外立面安全防护，一般在混凝土浇筑 6～8h 后开始进行爬架提升动作。由于爬架的最上部支点混凝土（一般标号为 C30）达到 10MPa 强度时才能满足附着力要求，因此至少需要 1d 以上时间（平均环境气温在 21℃以上）。另外，爬架工艺还存在冒顶、附着安装不到位等安全隐患。

对于分散布置的薄壁剪力墙高层建筑，剪力墙无法成为液压顶升装备的爬升受力载体，不适合采用依托核心筒受力的液压顶升爬架建造平台系统[4]。

2. 建造方式的不同

对于 180m 以上的超高层钢结构民用建筑，其钢筋混凝土核心筒强度能够满足爬升设备的受力要求，适合采用依靠核心筒受力的液压顶升爬架建造平台——"附墙式"空中造楼机。一般采用先建造核心筒，相隔约 10 层再施工外筒/框架的建造方式，外筒/外框可以是劲性钢筋混凝土结构或钢结构[5]。

3. 装配式混凝土结构的局限

预制装配式钢筋混凝土结构（PC）在高烈度地震设防区域建造高度不宜超过 80m。目前，80m 以上的高层与超高层建筑，因更高标准的抗震、防水、防渗要求，一般均采用现浇钢筋混凝土建造方式。

因此，"落地式"空中造楼机建造方式主要针对 80～180m 薄壁剪力墙结构体系的高层与超高层建筑，与 80m 以下的预制装配式 PC 建造方式，和适合 180m 以上的"附墙式"空中造楼机，可形成完整的钢筋混凝土工业化建造技术体系。

1.1.4 传统建筑业与现代产业的融合途径

依靠大量农民工为主的传统建筑业，其高空、高危、重体力、日晒雨淋、工伤事故频发的产业特征，以及人口高龄化进程，开始面临招工难、用工荒、人工成本高企的严重困局。建筑质量的不稳定与建筑工人流动性极强的行业特征，迫使传统建筑业急需转型升级。

2020 年 7 月 3 日，住房和城乡建设部、国家发展改革委等十三个部门联合印发了《关于推动智能建造与建筑工业化协同发展的指导意见》[6]。意见提出：要围绕建筑业高质量发展总体目标，以大力发展建筑工业化为载体，以数字化、智能化升级为动力，形成涵盖科研、设计、生产加工、施工装配、运营等全产业链融合一体的智能建造产业体系。住房和城乡建设部还相继发布了关于加快新型建筑工业化发展的若干意见[7]。

建筑工业化与现代服务业、信息产业和机械装备制造业的融合是传统建筑业转型的必然趋势，是实现设计"标准化"、部品"工厂化"、建造"智能化"、建筑"产品化"和服务"全程化"的根本途径[8]。

1.2 空中造楼机技术现状与路径选择

李静雅等[9]在基于专利分析的高层建筑施工技术前景预测中，针对高层建筑技术领域开展了专利分析，以预测未来有前途的高层建筑施工技术。基于关键词（图1.1）收集高层建筑施工技术相关专利数据，获得了韩国、日本、欧洲、美国、中国等地1991年1月—2019年12月的公开申请专利数据。通过过滤，共提取2875个有效数据，其中包括2329个快速轨道施工技术、250个精确施工技术和296个管理施工技术。从图1.2可以看出，从2011年后，中国和韩国关于高层建筑施工技术相关专利申请呈爆发性增长，2019年分别达到118件和480件。从专利申请数量分析，结构施工技术（AA）占38.5%，外窗施工技术（AB）占28.14%，起重设备操作技术（AC）占14.4%，安全管理技术（CC）占6.8%。显然，结构施工技术（AA）是高层建筑施工的主要难点，其技术热点较为集中，是目前技术发展最快、专利申请迅速的领域。同时，文献还通过OS-matrix分析后认为，使用监控技术的施工效率提升领域、使用信息建模技术的安全管理领域、使用监控技术和信息建模技术的施工节能领域都呈现出了技术空白，预测为高层建筑施工的前景技术(图1.3)。

一级分类	二级分类	三级分类	主要关键词
高层施工技术	快速施工技术	结构施工技术	框架、缩短工期、快速施工、钢筋混凝土泵送、预制钢筋混凝土、钢管混凝土、模板
		外窗结构	快速施工、夹具和配件、窗口系统、紧密跟踪
		起重设备操作技术	幕墙施工机器人、自动升降平台、塔式起重机、智能化无人电梯、自动塔式起重机
	精密施工技术	位移预测/控制技术	精密施工、位移预测、位移控制、短柱、施工误差、建筑变形控制、分阶段施工分析
		位移测量技术	精密施工、三维坐标、建筑位移、应变仪、倾斜测量仪、水准仪、卫星导航系统
	管理施工技术	流程管理技术	施工管理、过程管理、工期简化、BIM、信息传输
		成本管理技术	成本管理、成本评估、成本会计、物料成本、人工成本、流程-成本一体化管理系统
		安全管理技术	关键结构三维立体成像、多点温度监控、光纤传感器、RFID工人安全监控、塔式起重机实时监控

图1.1 专利分析技术树（图片源自文献[9]）

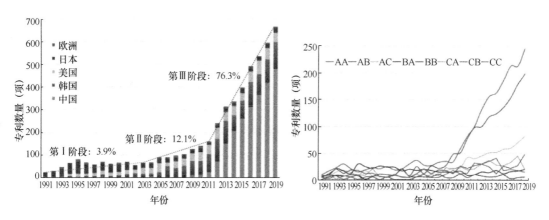

图 1.2 1991—2019 年专利申请趋势及不同技术分支专利申请量（图片源自文献［9］）

OS-matrix		对象					
		结构质量提升 (A)	效率提升 (B)	成本管理 (C)	节约能源 (D)	安全管理 (E)	总计
解	设备改进 (A)	(AA)4	(AB)16	(AC)0	(AD)0	(AE)3	23
	材料改进 (B)	(BA)13	(BB)7	(BC)2	(BD)17	(BE)0	39
	施工方法改进 (C)	(CA)1	(CB)7	(CC)1	(CD)0	(CE)2	11
	结构构成 (D)	(DA)11	(DB)0	(DC)0	(DD)0	(DE)0	11
	结构分析 (E)	(EA)13	(EB)1	(EC)0	(ED)0	(EE)0	14
	监测技术 (F)	(FA)30	(FB)5	(FC)1	(FD)1	(FE)14	51
	建模技术 (G)	(GA)4	(GB)16	(GC)12	(GD)10	(GE)2	34
	总计	76	52	16	18	21	183

图 1.3 用于技术空白预测的对象求解的矩阵分析（图片源自文献［9］）

为简化叙述起见，通过公开发表的资料，对于空中造楼机相关技术和系统研究现状，可分为以下六个部分加以描述。

1.2.1 商品混凝土与泵送技术

我国将高度超过 100m 以上的房屋建筑定义为超高层建筑。巴凌真等[10]认为，从 1894 年美国纽约 106m 高的曼哈顿人寿保险大厦、2004 年中国台北 508m 高的 101 大厦，到 2010 年阿联酋 828m 高的迪拜塔，通过对混凝土原材料选择、配合比设计、工作性能要求及其评价方法、混凝土泵送设备与系统、施工组织设计等全方位的研究与工程实践，现浇钢筋混凝土泵送技术已经达到了很高的水平。

Vladimir Naumov 等[11]开发了一种依据混凝土泵确定混凝土配合比的计算方法，为特定施工条件选择混凝土泵和提高生产效率提供了理论依据。Myoungsung Choi 等[12]通过对混凝土泵送过程的数值模拟，总结出影响泵送混凝土的关键参数。Seung Hee Kwon 等[13]阐述了预测混凝土泵送的模型，并结合混凝土配合比的试验结果，探讨了混凝土泵送的影响因素。

自密实混凝土属于高性能混凝土，由于便于泵送、流动性好、几乎无需振捣等优点，已经成为建设超高层建筑中必不可少的材料。在空中造楼机建造技术中，由于新型模板技术的创新，要求混凝土免振捣或轻振捣。汪培友、任一等[14-15]关于 C50、C60 等高强混凝土研究成果表明，扩展度 600mm 以上、初始倒坍时间 3s 是可以实现的。Kamal 等[16]研究了使用不同种类和用量的外加剂对于普通自密实混凝土和高强自密实混凝土的影响，分析了外加剂对自密实混凝土性能的影响，得出了各类自密实混凝土的最优外加剂种类和最佳掺量。

自密实混凝土应用技术规程对自密实混凝土的材料、配合比、制备与运输、施工等技术要求，以及填充性、间隙通过性、抗离析性等性能要求提出了明确的要求[17]。

在顶部操作平台安装柱式或轨道式折臂式布料机，可实现全平面墙梁混凝土的自动寻址浇筑（图 1.4）。

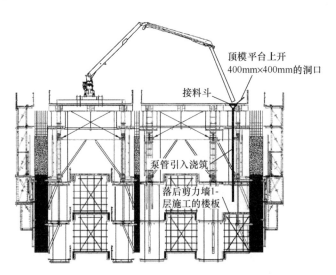

顶模平台上开
400mm×400mm的洞口

接料斗

泵管引入浇筑

落后剪力墙1-
层施工的楼板

图 1.4　通过接料斗实现混凝土跨中心架输送

1.2.2　钢筋网（笼）生产与钢筋连接方式

专利"易于自动化生产的剪力墙用钢筋网及构成的剪力墙"[18]，提出了一种以钢筋网编织机为主要设备生产钢筋网、采用套筒连接纵横钢筋形成钢筋网片、采用焊接连接筋连接两层钢筋网片形成钢筋网（笼）的方法。

专利"一种钢筋笼及其安装方法"[19]，包括肋梁钢筋网（笼）和肋柱钢筋网（笼）。其中，肋梁钢筋网（笼）采用相对设置的两个半环开口箍与纵向钢筋组成的钢筋网（笼），通过设置在开口箍端部的弯钩与相对的开口箍上的纵向钢筋连接，形成整体的肋梁钢筋网（笼）。肋柱钢筋网（笼）采用螺旋箍筋与肋柱纵筋共同围成矩形框架，螺旋箍筋端部与肋柱纵筋固定形成肋柱钢筋网（笼）的封端部。

目前，各类钢筋网片和钢筋网（笼）均可实现自动化生产，但为了提高运输效率，将生产线搬到工程现场依然是未来的发展方向。图1.5为大界机器人自主研发的钢筋折弯胶囊工厂，采用工业机器人结合柔性末端工具头的方式，可实现直径6～28mm钢筋的加工。并可根据工程现场需求，构建集群式柔性生产线。

图1.5　大界胶囊工厂——钢筋三维成型中心

（图片来源 http：//www.roboticplus.com/index/factory/index/cate_id/35.html）

钢筋网（笼）的主筋连接方式也是一个重要问题，不但与运输效率有关，也与工程现场安装效率有关。高层建筑混凝土结构技术规程要求，剪力墙竖向及水平分布钢筋采用搭接连接时，一、二级剪力墙的底部加强部位，接头位置应错开，同一截面连接的钢筋数量不宜超过总数量的50%，错开净距不宜小于500mm；其他情况剪力墙的钢筋可在同一截面连接[20]。分布钢筋的搭接长度，非抗震设计时不应小于1.2，抗震设计时不应小于1.2。

剪力墙暗柱内纵向钢筋连接和锚固，当采用绑扎搭接接头时，其搭接长度不应小于下式的计算值：

$$l_{lE} = \zeta l_{aE} \tag{1.1}$$

式中：l_{lE} ——抗震设计时受拉钢筋的搭接长度。

纵向受拉钢筋搭接长度修正系数 ζ 根据表1.1确定。

纵向受拉钢筋搭接长度修正系数 ζ　　　　　　　　表1.1

同一连接区段内搭接钢筋面积百分率（%）	≤25	50	100
受拉搭接长度修正系数 ζ	1.2	1.4	1.6

受拉钢筋直径大于25mm、受压钢筋直径大于28mm时，不宜采用绑扎搭接接头。

我国现行混凝土结构设计规范[21]和建筑抗震设计规范[3]也有类似规定。

可见，剪力墙结构底部加强区墙肢约束边缘构件纵向钢筋可以采用绑扎搭接连接方式。在同截面连接时，优先采用连接性能更好的机械连接方式。

事实上，剪力墙结构的理想屈服机制是连梁首先屈服出现塑性铰，并在各楼层均得到较充分的发展，然后底部墙肢受弯屈服。在底部加强区设置约束边缘构件的主要目的是加强墙肢边缘混凝土的受压约束，提高其受压变形能力，设置约束边缘构件强调的是受压而不是受拉。

另外，计算表明，约束边缘构件中的纵向钢筋对墙肢抗弯承载力的贡献较小，一般在10％左右；墙身竖向分布筋对抗弯承载力的贡献可以忽略不计。

因此，简化竖向钢筋连接方式以适应工业化建造工法具有可行性[22]。基于空中造楼机建造工法的剪力墙截面竖向钢筋连接方式仍以规范为主：

（1）采用绑扎搭接连接方式。

（2）墙身竖向分布筋采用同一截面搭接连接方式。

（3）约束边缘构件纵向钢筋采用50％错开搭接连接方式，搭接长度为$1.4l_{aE}$。当采用同一截面搭接连接方式，搭接长度为$1.6l_{aE}$。

进一步的研究方向是实现更便捷的竖向钢筋同截面连接方式，既要保证连接质量与效率，也要提高钢筋网（笼）的加工与运输效率。

1.2.3　模板材料与模板开合技术

专利"一种铝塑混合建筑模板系统"是一种铝合金模板与塑料模板混合使用的建筑模板系统，通过统一两种模板接口，实现两种模板无缝对接，充分发挥铝合金模板和塑料模板的各自材料性能[23]。

专利"环保型混凝土免脱模剂模板"是一种与常用模板表面形状相同且可与常用模板相配合的塑料垫板[24]。在塑料垫板上有插槽或插件，用于和常用模板上相应的插件或插孔配合。利用塑料垫板，即可免脱模剂，还能防止钢模板生锈。

专利"用于混凝土灌注模板的免脱模剂的可多次使用的基于聚合物的合成材料复合材料及其制造方法和应用"，是一种基于聚合物的复合材料（如高密度聚乙烯）和一种或多种功能填充材料（如金属颗粒、碳微粒或陶瓷颗粒）构成的复合材料，并可以被加工成薄片，覆膜于诸如胶合板等基材之上用作混凝土模板[25]。该模板能在不使用脱模剂的情况下多次反复使用，且表面保持光滑，不会对硬化了的混凝土造成物理损坏，并可用于有各种表面纹理、样式和图案要求的清水混凝土。

专利"钢筋混凝土模块化、多孔永久性模板施工系统"是一种用于混凝土或钢筋混凝土建筑施工的定型模板或永久性模块化施工系统[26]。系统包含用于形成平整墙面的基础单元、转角单元、单元间的连接件和辅助模板。同时，该系统形成的多孔混凝土表面也可与快速施工的模板组装和耦合。

专利"预先装配、组装结构模板系统及其施工方法"是一种适用于建筑工程领域的可拆装的结构模板系统及其施工方法[27]。标准内墙模板和标准外墙模板分别通过内外墙角模板和连接件组合，利用垂直方向的对拉螺栓组成整体模板。改善了建筑转角处模板受力状态，避免了对拉螺栓空位反复更换的弊端，降低了模板加工难度和成本。

Krawczyńska-Piechna A 的研究表明[28]，模板工程是混凝土建筑结构造价的重要组成部分，占到单位钢筋混凝土结构成本的 35%～40%，甚至对部分工程能达到 60% 左右。因此，优化模板的可建造性和使用效率，对于加快施工进度和降低租赁成本具有重要意义。

Taehoon Kim 等人提出了一种新的表格式模板规划方法[29]，这种结合软件系统的高层建筑布局规划方法，使用可调节的模板子单元处理不同的建筑形状，减少了模板设计时间。分析表明，与现有的背架式模板方法相比，该方法有效增加了不规则形状模板的覆盖面积，降低了材料成本。Dongmin Lee 等人[30]将模板规划与模板布局软件相结合，运用求解非线性优化问题的和声搜索算法，自动快速地推导出连贯的最优布局解，最大限度地减少了非标准模板的使用和模板的总数量。他们将研究模型作为 AutoCAD 的附加工具开发，验证其适用性和效率。和遗传算法相比，该模型在模板布置规划中更具有优越性。

目前，在 1.0 版空中造楼机上使用了两种免脱模剂模板的方法。一种是金属大模板表面覆盖聚乙烯塑料薄板（图 1.6），但由于两种材料的热膨胀系数不同，塑料模板因温度变形产生的间隙会在混凝土表面留下凸条状混凝土，需要在脱模后人工铲平（图 1.7）。另一种是定制中空塑料模板，模板之间为自锁连接，模板与后部背架以螺栓连接（图 1.8），尽管也会在混凝土表面看见连接螺栓盖板的痕迹，但浇筑的效果还是令人满意的（图 1.9）。

(a) 金属大模板基模　　　　　　　　　　　　(b) 在基模外贴塑料薄板

图 1.6　在金属大模板上固定聚乙烯塑料薄板

图 1.7　采用塑料薄板的浇筑效果

图 1.8　采用定制中空塑料模板的内模板系统

图 1.9　采用定制中空塑料模板的浇筑效果

1.2.4　竖向与水平物料运输技术

高层建筑具有结构规模大、功能多、系统复杂、施工标准高等特点，施工运输系统在建造过程中发挥着重要作用。

在高层建筑施工时，必须根据建筑的特点，建立合理、高效的垂直运输系统。高层建筑垂直运输设备主要包括塔式起重机、施工电梯、物料提升机和混凝土泵等。为了实现项目管理的目标，高层建筑垂直运输设备的选型必须满足适用性、安全性和经济性三个基本目标的要求。

超高层建筑施工垂直运输体系的选择与运输对象有关[31]。对于大型建筑材料与设备，如钢筋网（笼）、预制外围护结构、预制叠合板、预制楼梯、幕墙、模板等，一般采用动臂塔式起重机运输；对于中小型建筑材料与设备，如机电安装材料、建筑装饰材料、部分施工机具等，由于使用塔式起重机运输不经济且效率低，一般使用电梯运输；施工等相关人员采用电梯运输；商品混凝土采用泵送体系运输。

对于空中造楼机建造技术，垂直运输的对象不仅包括上述施工所需物料的运输，还包括空中造楼机本身的安装与拆卸，以及建造过程中升降柱标准节加减、模板模架维修更换的运输。在 1.0 版空中造楼机建造系统中，升降柱标准节在底部自动加减，避免了垂直运输的要求；2.0 版空中造楼机建造系统则需要采用塔式起重机或专门垂直运输系统解决。

由于采用空中造楼机建造工法所需的施工人员仅是常规现浇工法的 1/10，所以一般仅需要设置一部专门的施工人员电梯。

在空中造楼机建造系统中，为了提高运输效率，钢筋网（笼）、预制外围护结构、预制叠合板、预制楼梯、幕墙等大型建筑材料，以及机电安装材料、建筑装饰材料、部分施工机具等中小型建筑材料及设备，均采用随钢平台上升的垂直卷扬提升的转运平台运输，而随钢平台上升的双梁桥式起重机（以下简称为"双梁行车"或"行车"）则实现了材料的水平运输。双梁行车还将承担楼板混凝土的水平运输与浇筑工作。

1.2.5　施工平台竖向升降技术

一般将高空架设的专为施工人员提供作业、卸料、通行或防护等功能的设施统称为工具式脚手架。包括附着式升降脚手架、高处作业吊篮、起升式外防护架、导架爬升式工作平台、附着式升降卸料平台、附着式提升步梯、工具式悬挂步梯和附着式升降防护棚等各种形式。为此，国家还出台了液压升降整体脚手架安全技术标准[32]和全文强制的施工脚手架通用规范[33]。

Puccinelli 提出了一种可调立柱和使用该立柱架设悬挂式脚手架的方法[34]。在悬挂式脚手架的可调立柱中，外管通过具有内螺纹的螺母与细长构件（如钢丝绳或杆）相连接。具有外螺纹的螺杆拧入外管的内螺纹中，以实现与所述细长构件相连接。当螺杆以两个方向旋转时，便可实现悬挂式脚手架的上升或下降。平台支撑结构支撑在可调立柱上，通过螺杆的旋转进行调平。

Xu 等学者提出了一种新型附着式升降脚手架系统[35]，该系统克服了传统升降脚手架中无法实现所有脚手架同步升降的问题。采用螺杆传动方式实现脚手架提升或落下，控制电路可以提示过载位置，对施工工人来说更安全。

Yue 等学者提出了一种高层建筑施工整体式升降管钢结构脚手架的设计方法[36]，包括整体式升降支架在上/下运行条件下的设计和计算方法，以及抗滑动强度和防倾覆分析。

国外专业模板脚手架在技术含量、生产工艺水平等方面均领先于我国。液压爬升模板体系作为一种先进施工工艺，随着高层建筑自身的发展不断进步。例如德国的 PERI CB 160/240 型、奥地利的 DOKA SKE 50/100plus 型、西班牙的 ULMA ATR 型等系列产品（图 1.10），具有技术水平高、标准化程度高、生产工艺领先、施工便捷、安全稳定等特点，可靠的封闭性能最大限度地减少了天气对施工的不利影响，适用于较广范围的结构形式与建筑高度。

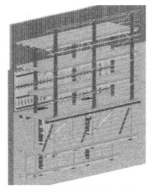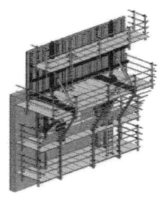

(a) PERI CB 160/240型　　　　(b) DOKA SKE 50/100plus型　　　　(c) ULMA ATR型

图 1.10　国外几种液压爬模产品

对于高处作业吊篮，美国、日本、德国、法国、英国等国的企业，大多设计成便于运输和更换的模块型吊篮设计。其中 Skyclimber 公司使用 1m、2m 和 3m 的吊篮模块进行组合，实现了 12m 的升降吊篮长度。美国 Power climber 公司研发最小长度 2m、最大长度达到 19m，额定载荷由 341kg 到 909kg 的高处作业吊篮悬吊平台，作业平台采用模块设计，可以根据实际需求，将多种标准件组合成所需要的平台。日本在 20 余年前推出了无脚手架作业法，美国、德国、法国、英国等欧美国家也先后推出了高空作业机械施工工法，使得移动式高空作业平台获得了快速发展。

国外关于施工升降机的研究与应用的时间比我国要长，且相应的生产技术和配套的施工技术也比较成熟。Taehoon Kim 等人创建了可以与吊笼连接的新型施工升降系统，具有反应速度快、操作简单以及效率高等优点[37]。

上海建工五集团公司实施的落地爬升式多功能模块化立面自动升降作业平台[38-39]（图 1.11）由电动平台系统、升降动力系统、全防护系统以及电气控制系统等部分组成。其中，电动平台由导轨架、矩形操作平台、附墙系统和底座系统组成。操作平台为双立柱支撑在可靠的支撑基础上，以齿轮齿条传动的方式沿导轨架进行爬升，实现自由升降。该高空作业平台集作业与防护于一体，承载力大，自升降式，可替代钢、竹、木脚手架及电动吊篮，用于高空作业。平台采用工厂预制标准模块化构件，现场拼装便捷，通过拼接的方式搭建所需不同尺寸的操作平台，能够适应各种外形的建筑物。

显然，研发的空中造楼机既要具有工具式脚手架的功能，也应满足同步自动升降的要求。事实上，我们要研发的空中造楼机的核心功能是自动化建造，包括但不限于墙梁钢筋网（笼）的吊装与精准定位、墙梁模板的自动开合、墙梁混凝土的自动化浇筑与养护、叠合板或格构式楼承板等水平构件的吊装与精准定位、楼板混凝土的自动化浇筑与养护。因此，要比上述的导架爬升式工作平台、附着式升降卸料平台、液压升降整体脚手架等所实现的功能更系统更复杂。

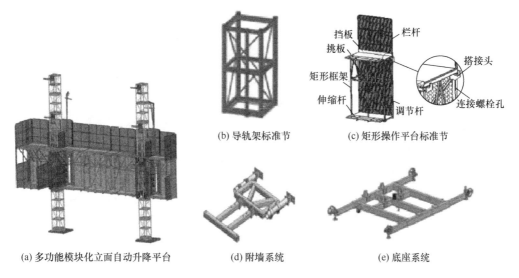

(b) 导轨架标准节　　(c) 矩形操作平台标准节

(a) 多功能模块化立面自动升降平台　　(d) 附墙系统　　(e) 底座系统

图 1.11　多功能模块化立面自动升降作业平台

关于自动升降功能的施工平台，中建八局等公开了一种用于超高层建筑施工的内顶外爬式模架施工平台[40]和一种超高层建筑的水平与竖向结构同步施工方法[41]。施工平台由设置于建筑物外侧墙体上的液压爬模系统和设置于建筑物内侧相邻墙体之间的顶升平台系统组成（图 1.12）。顶升平台系统包括爬升装置、设于爬升装置上的操作平台，以及安装于建筑墙体上、供爬升装置爬升附着的附墙埋件。建筑外侧液压爬模系统和建筑内侧顶升平台系统同时运作，代替了传统的整体顶升式施工平台。与整体顶升式平台相比，不需要设置水平支撑钢梁，仅在建筑墙体上安装附墙埋件便可实现液压爬升，缩短了施工平台及其支撑架体的总高度。另外，由于液压爬升系统不会影响水平结构的施工，因此减少了竖向结构与水平结构的施工间隔。同时，由于建筑内侧的顶升平台系统不穿越建筑墙体，平台距离绑扎钢筋作业面仅相差 1 个楼层的高度，钢筋传递和绑扎方便。显然，该平台系统只能悬挂墙体模板并随平台上升，但无法加载模板开合系统。

源自中建三局公众号 2020 年 7 月 16 日 19:35 发布的报道，由中建三局工程技术研究院和中建三局三公司联合自主研发的我国首台"住宅造楼机"，以 300m 以上超高层"空中造楼机"为基础，集成了外防护架、伸缩雨篷、液压布料机、模板吊挂、管线喷淋、精益建造等功能，具有结构轻巧、适用性广、承载力大、多级防坠等特点（图 1.13）。

该"住宅造楼机"采用轻型外墙支点，可对不同结构体系灵活选择支点位置和布设平台。设备和构件采用装配式节点设计，周转率达 90% 以上；采用小油缸"阶梯式"短行程顶升，60～90min 可顶升一个作业层高度；可实现顶部雨篷设备、外围竖向模板和布料机的集成和整体爬升，还可将操作架、模板、工机具、配电箱等布设于平台内，实现同步提升；可通过位移传感器将实时数据反馈到控制中心，实现系统自动纠偏，且仅需要 1 名操作人员，5～6 名工人安全巡视即可。

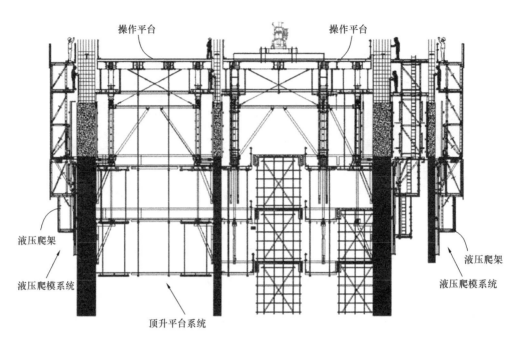

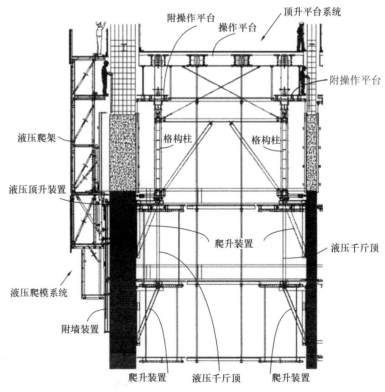

图 1.12　专利 CN206233541U 一种用于超高层建筑施工的内顶
外爬式模架施工平台

(a)"住宅造楼机"一次性可覆盖5～8个结构层

(b)可伸缩雨篷形成"全景式空中生产线"

(c)顶部雨篷设备、外围竖向模板和布料机的设备集成

图 1.13　中建三局在重庆中建·御湖壹号项目中应用的"住宅造楼机"

(图片来源：中建三局公众号，2020-7-16)

1.2.6　施工平台设备集成技术

Weiming Shen 等认为[42]，在过去的 10 多年间，随着信息、通信技术、互联网和基于 Web 的技术的快速发展，各种系统集成和设备协作技术已被开发并部署到不同的应用领域，比如建筑施工环节尤其是设施管理（AEC/FM）领域。这些技术提供了系统的解决方案，以实现在整个施工周期中对所有设备、信息的协同管理。系统集成和设备协作被认为是推动建筑业提高生产力和效率的关键技术。

Tatsuya Wakisaka 等学者[43]开发了高层钢筋混凝土建筑自动化建造平台，以降低高层钢筋混凝土建筑施工的总成本。1995 年，它首次应用于位于东京的 26 层钢筋混凝土公寓项目的建设中［图 1.14(a)、(c)］。该系统包括 4 个主要设备集成系统：(1) 全天候可同步升降的临时屋顶系统；(2) 配有 1 台轮式起重机、1 台施工升降机、1 台悬臂起重机和 3 台桥式起重机的平行物料输送系统；(3) 规模化的预制构件和统一的建筑材料；(4) 采用与 CAD 数据库系统链接的设备材料管理系统。平行物料输送系统如图 1.14(b) 所示。以 PC 构件为例，轮式起重机将构件吊运至施工升降机上；中央桥式起重机（也称"交付起重机"）通过自动控制系统从施工升降机上起吊构件并准确定位到右侧或左侧的起重机（也称"安装起重机"）处。安装起重机从交付起重机上通过防构件旋转的手动吊杆装置接收构件后移动到相应位置安装构件。这种设置减少了工人和机器的等待时间，并通过同时操作实现了 PC 构件的高效交付和安装。安装在临时屋顶上悬臂起重机用于组装或拆卸临

(a) 临时屋顶（BIG CANOPY）全景　　　　(b) 平行物料输送系统

(c) 从建造临时屋顶（BIG CANOPY）到拆除临时屋顶

图 1.14　适用于高层建筑装配式混凝土结构的自动化施工系统

时屋顶和吊装立柱标准节。该自动施工系统确保了良好的施工质量，改善工作和环境条件，减少了工期、人力和废弃物，并提高了整体生产效率。从上面的分析也能看出，由于该系统仅应用于装配式混凝土结构，因此没有涉及模板系统的讨论。

Yuichi Ikeda 等学者[44]提出了适用于高层钢结构的自动化施工系统（ABCS）。该系统将工厂自动化建造的思想应用到施工现场，使所有的施工环节类似于在工厂中分工完成。该系统将自动化技术、机器人技术和计算机技术应用于建筑施工。ABCS 集成了超级建设工厂（SCF），提供仓储设备、自动化运输（水平运输和竖向吊装）设备和一个中央控制系统。该系统已应用于一个 22 层的办公大楼项目（图 1.15）。

中建三局在梳理前几代"空中造楼机"实施应用情况的基础上，结合普通超高层项目

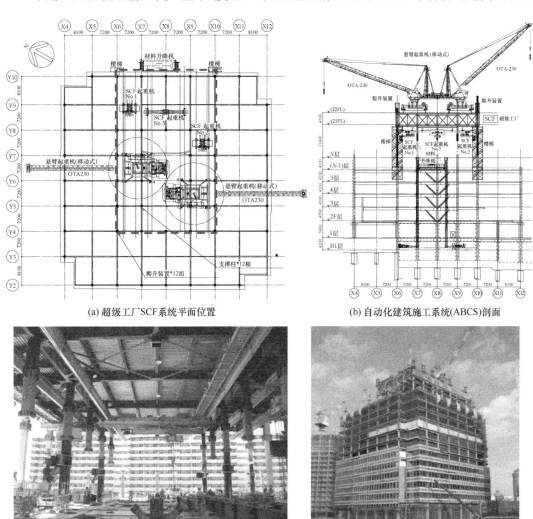

(a) 超级工厂SCF系统平面位置　　　(b) 自动化建筑施工系统(ABCS)剖面

(c) 超级工厂SCF内景　　　(d) 示范工程实景

图 1.15　适用于高层钢结构的自动化建筑施工系统及其超级工厂

（图片来源：参考文献 [44]）

体量规模、结构特点及施工组织模式，研发出 2.0 版"空中造楼机"，由支承与顶升系统、贝雷片平台系统、挂架系统组成。支承与顶升系统采用通用化轻型多级模块化支承系统、分体式附墙承力件、步履式分步顶升方案，油缸体型小、同步性高，可实现 2h 内一个标准结构层顶升作业（图 1.16）；钢平台系统采用标准贝雷片和双向通用标准化连接件拼装，更容易匹配造楼机承载力；钢平台板及挂架走道板均采用标准钢跳板拼装而成。

(a) 通用化轻型多级模块化支承系统
及分体式附墙承力件

(b) 标准贝雷片与双向通用标准化
连接件拼装的顶部钢平台

(c) 2.0版"空中造楼机"内景

(d) 钢平台板及挂架走道板

图 1.16　中建三局 2.0 版"空中造楼机"

（图片来源：澎湃新闻·澎湃号·政务，2021-08-10）

碧桂园集团近期公布了新一代智能化住宅建筑自动化建造平台——"自升造楼平台"。这也是一个可随建筑高度自动升降的"附墙式"建造平台，除了承担工人的建筑活动，还将承载机器人的智能化操作。自升造楼平台由附着、顶升等子系统组成。平台可搭载众多具有不同功能的建筑机器人和环保设备，并根据施工现场进度要求实现模块的快装快拆(图 1.17)。

(a)"自升造楼平台"外观　　　　　　　　　　(b)"自升造楼平台"内景

(c)搭载在"自升造楼平台"上的各种建筑机器人

图1.17　碧桂园新一代智能化住宅建筑自动化建造平台

(图片来源：新浪财经，2021-03-15)

1.3　落地式空中造楼机技术简介

落地式空中造楼机在示范工程建设时也被称为"落地装配式模架系统"，以下均简称"空中造楼机"。

以2.0版落地爬升式空中造楼机系统为例，主要由落地式同步自动升降系统［图1.18(c)］、自动开合内外模板及其模架系统［图1.18(d)］、水平转运吊装系统（双梁行车系统）、混凝土浇筑与自动养护系统［图1.18(a)、(b)］、全自动操作与监控系统［图1.18(e)］等构成。

通过产品的标准化设计，实现空中造楼机及其部品部件的标准化、通用化、模块化。通过BIM设计与优化，实现空中造楼机所有构件设计、安装与建造的虚拟仿真与高效安装。通过简化的空中造楼机整体空间力学模型模拟计算，实现与建筑结构受力的匹配；通过空中造楼机现场实时监测，并与关键部件试验结果比照，确保空中造楼机整体及其部品部件的安全性能。结合智能监控系统、人工智能和工业互联网技术，可实现空中造楼机远程控制的智能化与信息管理。

空中造楼机建造目标是实现"安全运行可控""工程质量可控""建造周期可控""建安成本可控""建筑垃圾和粉尘低排放""环境噪声低"的工业化建造。

图1.19是在深圳和北京实施的示范建造工程现场实景。

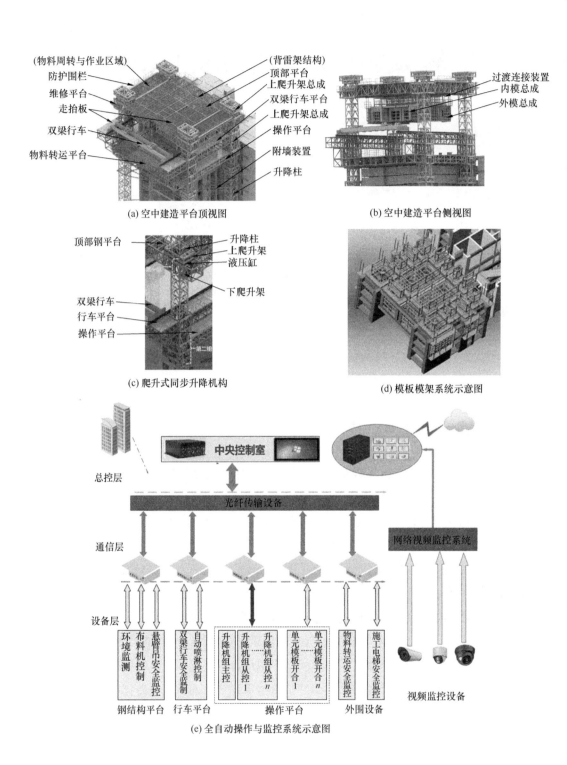

(a) 空中建造平台顶视图

(b) 空中建造平台侧视图

(c) 爬升式同步升降机构

(d) 模板模架系统示意图

(e) 全自动操作与监控系统示意图

图1.18 2.0版落地爬升式空中造楼机系统构成示意图

(a) 1.0版落地举升式空中造楼机　　　　　　(b) 2.0版落地爬升式空中造楼机

图 1.19　空中造楼机示范工程现场实景

空中造楼机建造工法

面向空中造楼机建造高层建筑混凝土结构，研究编制了"落地式空中造楼机建造工法"，并获得了企业级工法证书（图 2.1）。

图 2.1 "落地式空中造楼机建造工法"证书

2.1 工法目标

空中造楼机建造高层钢筋混凝土建筑工法应实现以下目标：

（1）集成多层级立体化钢平台，满足设备集成与交叉施工的需要，实现立体交叉流水施工，大幅度提升安全作业环境和人员作业环境。

（2）集成双梁行车、布料机等设备，实现覆盖楼栋平面范围内的物料吊装转运和混凝土浇筑与养护，大幅度提高自动化水平和作业效率。

（3）集成全自动开合与升降的内外模板系统，实现墙梁模板三维微调、定位、支模、拆模和防漏浆功能，无需人工干预、拆装和转运，提高施工作业精度和质量，大幅度减少人工投入。

（4）集成自安装与自拆卸功能，实现钢平台系统高空安装和拆卸作业。

（5）集成墙面附着式安全结构，整体安全性和稳定性满足 14 级台风等恶劣气候条件。

（6）符合迭代研发集成要求，可任意集成与建造相关的设备和仪器，满足钢筋笼整体成型吊装、全自动智能浇筑、智能划线和自动检测等功能，实现机械化、自动化和智能化建造。

（7）适用于建筑高度 180m 及以下高层及超高层钢筋混凝土建筑的标准层施工，覆盖预制装配和现浇混凝土施工工艺。

2.2 工艺原理

空中造楼机由 4 个及以上格构型升降柱提供支撑，升降柱通过附墙支撑附着在主体结构上。

空中造楼机平台包括顶部钢平台、双梁行车平台、物料转运平台、操作平台及下挂平台（图 2.2）。

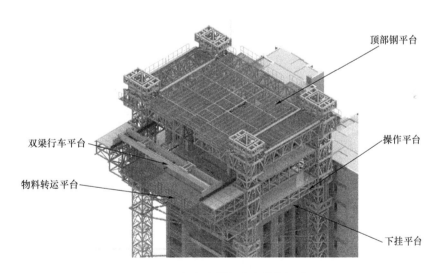

图 2.2 空中造楼机建造平台组成

（1）顶部钢平台下悬挂模板总成，平台上集成混凝土布料机。封闭式平台不仅能为下部钢平台提供遮阳避雨功能，还能提供作业空间、材料堆场和加工场地。

（2）墙梁混凝土浇筑平台与模板总成一体，并可达到顶部钢平台与操作平台，便于施工作业。

（3）行车平台上设置轻量轨道及其支撑梁。支撑梁上敷设走道及护栏，作为行车检修平面。

（4）物料转运平台与双梁行车系统配合，实现物料转运、构件安装和楼面混凝土浇筑。周边操作平台与物料转运平台在同一高度，为工人提供作业空间及临边防护。

（5）操作平台下设置下挂平台，覆盖施工层以下两层，为建筑预埋件安装拆卸、外立面混凝土修补、结构粉刷等作业提供操作面。

顶部钢平台通过上爬升架总成的液压系统实现自我顶升。下部钢平台，包括双梁行车平台、物料转运平台、操作平台及下挂平台，通过下爬升架总成的液压系统实现自我顶升。

钢筋采用预制钢筋笼和现场人工绑扎，模板分为模架系统自带的模板总成及洞口侧面人工支模。混凝土分两次浇筑，第一次浇筑到板底标高，待模板总成提升并安装楼承板或叠合板后，第二次浇筑至板面标高。

2.3 建造工艺流程

在升降柱基础施工完毕并达到安装强度，且现场满足空中造楼机进场条件后进入空中造楼机建造高层建筑混凝土结构工艺流程。建造工艺流程如图 2.3 所示。

2.4 操作要点

本节以卓越蔚蓝铂樾府项目一期主体工程 10 号楼（详见第 8 章）为例，描述了空中造楼机建造高层建筑混凝土结构工艺操作要点。

1. 空中造楼机安装

（1）空中造楼机基础及其预埋件施工完成后，要验收预埋件位置和精度是否满足要求。

（2）升降柱、附墙支撑等钢平台系统构件安装完成后，要及时复核构件的垂直度、水平度等指标是否满足要求。

（3）每个构件安装完成后均要分别验收。

（4）空中造楼机整体安装完成后，要通过各方验收（建设、设计、监理、施工等）方可投入使用。

2. 建造层楼面上墙梁柱测量放线

第 $N-1$ 层楼板面混凝土浇筑完成次日，即开始测

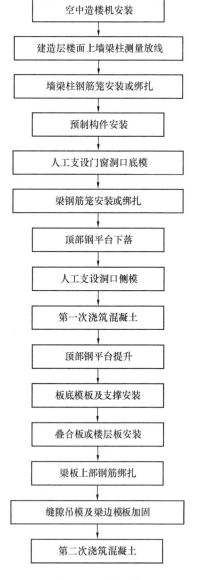

图 2.3 建造工艺
流程图

量放线，包括楼层定位轴线、结构构件边线等。

3. 墙梁柱钢筋笼安装或绑扎

（1）因预制构件（如预制凸窗）与墙柱连接处的箍筋不易施工，需人工优先绑扎此处墙柱钢筋。

（2）待预制构件影响范围的竖向钢筋完成后，即开始吊装凸窗等预制构件，同步进行其他部位的竖向钢筋笼吊装或绑扎。

（3）成型钢筋网（笼）由塔式起重机吊至物料转运平台，再由双梁行车吊运就位。

4. 预制构件安装

（1）用塔式起重机将凸窗吊运至物料转运平台，用带吊环斜撑做临时固定后，塔式起重机方可脱钩（图2.4）。

（2）需复核双梁行车高度是否满足吊装要求。如不满足，则需另行加工吊索吊具。

（3）用双梁行车将凸窗转运至相应位置，放置PE条，安装一字码和临时固定斜撑。

图2.4 双梁行车吊装预制凸窗

5. 人工支设门窗洞口底模

凸窗等预制构件安装就位后，开始进行梁底人工支模施工。施工时需注意底模的稳定性，必要时增加临时支撑（图2.5）。

6. 梁钢筋笼安装或绑扎

安装或绑扎梁钢筋笼时需使用移动式操作平台（图2.6）。

图 2.5　人工支设梁底模

图 2.6　人工绑扎梁底钢筋

7. 顶部钢平台下落

（1）预制构件就位、竖向钢筋绑扎完毕后，顶部钢平台回落（图 2.7）。

（2）回落前需检查竖向钢筋上部是否有偏移现象。若有，需在墙柱内设置竖向固定角钢并设置水平定位筋，来校正偏位钢筋。

（3）顶部钢平台下落过程中，下方不可有施工作业人员。

图 2.7　顶部钢平台下降 3.5 个层高

8. 人工支设洞口侧模

（1）顶部钢平台回落后，人工支设外墙阳台、窗洞口模板。

（2）紧固外墙模板穿墙螺杆。

9. 第一次浇筑混凝土

（1）第一次浇筑混凝土采用布料机施工，浇筑至板底标高，包括梁的下半部分（图 2.8）。

（2）不同标号混凝土应用快易收口网做好隔离措施。

图 2.8　墙梁混凝土浇筑

10. 顶部钢平台提升

（1）第一次混凝土强度达到 1.2MPa 后，首先拆除人工支模部分的模板和外墙穿墙螺栓。

（2）内外模板任意分组全自动开模后（图 2.9），进行顶部钢平台提升作业（图 2.10）。

（3）提升完毕后，清理模板。如采用铝模板，需涂刷脱模剂。

（4）涂刷脱模剂时需对楼层下方裸露钢筋采取覆盖防污染措施。

（5）钢平台提升过程中，下方不可有施工作业人员。

图 2.9　内外模自动开模

图 2.10　顶部钢平台提升 3.5 个层高

11. 板底模板及支撑安装

当不能采用工具式洞口模板时，需对梁底面或洞口顶面人工安装底模及其竖向支撑。

12. PC 叠合板安装

（1）铝合金模板安装完成后，进行预制叠合板的吊装。

（2）预制叠合板由塔式起重机吊至物料转运平台，再由双梁行车吊运就位（图 2.11）。

图 2.11　PC 叠合板吊装

13. 梁板上部钢筋绑扎

叠合板吊装完成后，绑扎局部梁板钢筋和叠合楼面负弯矩钢筋。

14. 缝隙吊模及梁边模板加固

（1）施工板面结构洞口、传料口等的铝合金模板。

（2）对铝合金模板系统进行整体检查和加固。

15. 第二次浇筑混凝土

（1）新老混凝土的交接部位需凿毛。

（2）不同标号混凝土应用快易收口网做好隔离措施。

（3）第二次混凝土浇筑至楼板结构标高。

2.5　主要施工设备

以卓越蔚蓝铂樾府项目一期主体工程 10 号楼示范建造为例，主要施工设备见表 2.1。

空中造楼机建造工法相关设备一览表　　　　　　　　　　　　　　表 2.1

序号	名称	型号	数量
1	空中造楼机	—	1 台
2	塔式起重机	W7015-10E	1 台
3	施工电梯	SC200/200G	1 台

续表

序号	名称	型号	数量
4	布料机	HGY24	1台
5	水准仪	DINI03	1台
6	全站仪	ZT 15R	1台

2.6 质量控制要求

升降柱：升降柱的直线度，误差不得超过±1.5mm；踏步块的平面度和平行度，误差不得超过1mm；踏步块之间的间距误差不得超过0.5mm。

爬升架：支座底面的间距误差不得超过1mm。

平台：包括顶部钢平台、操作平台、行车平台、检测平台各子部件的总长度、平面度，满足尺寸误差的要求；检查平台总体变形情况，无明显弯曲、扭转变形；检查焊缝外观和油漆的完整性。

材料：包括钢筋、模板、混凝土，施工质量验收标准按照相关国家规范要求执行。

空中造楼机钢平台系统

3.1　钢平台系统构成与主要功能

钢平台系统的全称为"落地式同步自动升降集成组装钢平台系统"，前置定义的关键词包括：落地式，区别于面向 180m 以上高度的附墙式空中造楼平台系统，或者 180m 以下高度的附墙式钢平台系统；同步自动升降，是指无需人工干预的平台升降方式；集成，能够集成施工所需的各种设施设备；组装，能够在现场实现快速组合、安装与拆卸。

钢平台系统是空中造楼机建造技术的基础系统。它不仅要承载自身重量及其所有集成的设施设备重量，还要实现空中造楼平台的同步自动升降，从而实现建造平台及其集成的设施设备随楼层不断增加而同步升高。当进行外饰面精益施工时，还能实现操作平台随施工过程的同步下降。

钢平台系统由升降柱、爬升架或升降机组、顶部钢平台、操作平台、双梁行车平台、下挂脚手架平台、施工作业通道、同步升降液压系统及其控制系统等组成（图 3.1）。

每道平台各司其职，其中：

顶部钢平台：下部悬挂内外模板模架系统和混凝土养护系统，上部支撑平台地面。平台地面布置悬臂吊用于安装和拆卸升降柱，布置柱式伸臂式或自行轨道式布料机用于浇筑墙梁混凝土，也可设置卫生间、休息室、控制室，并为消防、电气、液压等设施设备提供安装与运维平台。平台地面还可用于现场钢筋网笼等物料的加工和临时堆放，以及洞口人工模板的堆放和整理。

操作平台：集成双梁行车平台、双梁行车、混凝土布料机（用于水平结构浇筑）、操作平台、

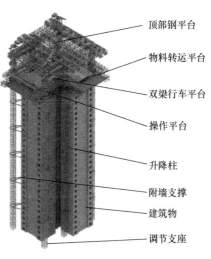

图 3.1　落地爬升式空中
造楼机钢平台系统示意图

顶部钢平台
物料转运平台
双梁行车平台
操作平台
升降柱
附墙支撑
建筑物
调节支座

物料转运平台并下挂脚手架平台，为设施设备的操作和人员活动提供空间。建造时，操作平台上平面与待建楼面齐平。

双梁行车平台：专用于设置行车轨道，并提供检修步道。

脚手架平台：吊挂在操作平台下部，提供外墙构件安装、混凝土修补、外立面装饰的工作平台。

在顶部钢平台、操作平台、双梁行车平台和下挂脚手架平台之间设置步行梯，形成闭合的施工作业通道。

通过液压系统和控制系统，依靠升降柱实现钢平台系统的同步自动升降。

3.2 钢平台同步升降系统选型

钢平台升降系统方案选型历经了落地举升式—塔式起重机举升式—多级油缸丝杆举升式—整体爬升式等迭代研发过程。

3.2.1 落地举升式钢平台系统

在落地爬升式钢平台系统研发前已经进行了长达 6 年多的落地举升式钢平台系统的研发，并实现了 4 层的足尺试验建造，如图 3.2 所示。

与落地爬升式钢平台系统相比，落地举升式钢平台系统的特点是：

（1）液压升降系统位于升降柱的底部，直接坐落在设备基础上。

（2）钢平台与升降柱固定，通过举升升降柱的方式实现钢平台的升降。

（3）在地面自动加减升降柱标准节。

（4）升降柱标准节之间采用锥套连接。

(a) 用于举升并实现加减标准节的全自动液压传动机组（200t级）　　　(b) 可自动开合的内模板单元

图 3.2　1.0 版落地举升式空中造楼机及其足尺试验建造（一）

(c) 实现了 4 层足尺试验建造的工程现场（国家住宅科技产业技术创新战略联盟北京试验基地）

(d) 外模板设置在操作平台上

(e) 外模板合模前状态

(f) 足尺试验建造效果

图 3.2　1.0 版落地举升式空中造楼机及其足尺试验建造（二）

（5）升降柱与附墙支撑采用可滑动连接方式。

该平台系统主要由坐落在基础上的多组液压传动机组、升降柱及其与升降柱相连的水平稳定支撑（3层高度一道）、操作平台、双梁行车平台、顶部钢平台和滑动式附墙支撑等构成 [图 3.3(a)]。

每个液压传动机组包括 6 条活塞油缸、4 根随动机械保险丝杆、升降柱标准节水平输送小车及储备机架、传动机架，形成了标准化的液压传动机组 [图 3.3(b)]。通过液压系统和控制系统实现在地面自动加减升降柱标准节，从而举升与升降柱连接的所有钢平台，实现钢平台系统的整体同步升降。为保证升降柱标准节之间、升降柱与液压传动机组定位座之间的整体传力体系，相互连接采用锥面连接和机械锁定。

为保障钢平台系统结构的整体稳定性，采用安装于建筑物表面的多道滑动式附墙支撑与水平稳定支撑连接，形成附墙支撑。滑动式附墙支撑 [图 3.3(c)] 由固定架、附墙轨道架、导向轮、水平移动架、液压抱爪等多个部品部件组成，钢平台系统同步升降时导向轮在附墙轨道架中移动。

落地举升式钢平台系统的优点是：

（1）加减标准节在地面完成，减少标准节的竖向吊运。

（2）液压系统也在地面，维护更加方便。

（3）滑动附墙支撑结构体系的标准化程度高，在建筑外墙结构上的固定位置相对自由。

落地举升式钢平台系统存在的问题包括：

（1）滑动附墙支撑运行。由于落地举升式钢平台系统在加减升降柱标准节的过程中，升降柱与基座（定位座）是脱开的（称为"断腿式"），使得钢平台系统在加减标准节的过程中处于全高度悬臂状态。为了保证钢平台系统的整体稳定性，采用滑动附墙支撑为钢平台系统提供侧向稳定性。钢平台举升偏载、升降柱偏移、风荷载作用，以及滑动附墙支撑受到空间制约和刚度限制，易发生卡滞现象。

（2）举升荷载。升降柱标准节重量约 1.8t/节，随着升降柱的升高，举升负荷越来越大。为实现 180m 以下钢平台系统的升降，所需单个液压传动机组最大设计举升载荷达 500t 以上。

（3）加减标准节。升降柱标准节之间和升降柱与定位座之间均采用锥面定位和机械锁定。由于各部品部件间存在制造误差、装配间隙和安装误差，钢平台系统运行时还存在弹性变形，在钢平台系统全部负荷作用下，升降柱标准节锥面连接处抗拔力非常大，随着建造高度的增加，举升难度会越来越大。

基于上述问题，足尺试验建造仅完成了 4 层 [图 3.2(a)]。完成的主要成果包括：

（1）实现了钢平台系统与模板系统的集成与运行协同。

（2）实现了内模板系统的自动开合。

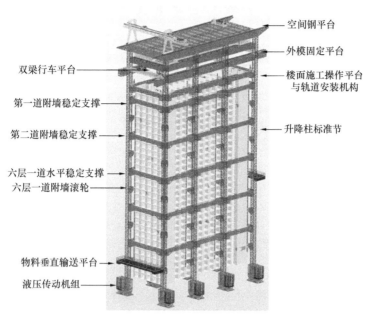

双梁行车平台

第一道附墙稳定支撑

第二道附墙稳定支撑

六层一道水平稳定支撑
六层一道附墙滚轮

物料垂直输送平台

液压传动机组

空间钢平台

外模固定平台

楼面施工操作平台
与轨道安装机构

升降柱标准节

(a) 落地举升式钢平台系统

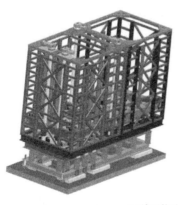

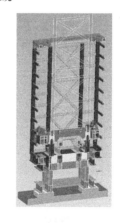

(b) 液压传动机组

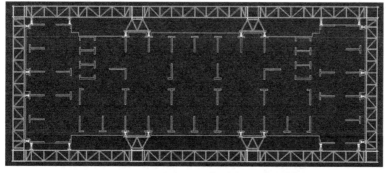

(c) 滑动式附墙轨道布置与轨道[45]

图 3.3　落地举升式钢平台系统及核心部品示意图

（3）设置在操作平台上的外墙模板可实现人工合模。

（4）试验了不同类型的门窗洞口模板。

（5）试验了不同的楼板模板，包括叠合板、楼承板，以及不同的模板材料如钢、竹木等。

（6）试验了墙体混凝土的分层与分段浇筑方式，以及墙梁混凝土的布料方式。

（7）试验了不同流动性的混凝土，并确定了自密实混凝土的配比。

（8）试验了与升降柱集成的施工人员电梯。

3.2.2 塔式起重机举升式钢平台系统

针对落地举升式钢平台系统稳定运行的不确定性，借鉴塔式起重机升降柱与爬升架技术，并根据塔式起重机标准和设计规范，研发了一款塔式起重机举升式钢平台系统〔图 3.4(a)〕。该平台系统由塔式起重机升降柱与加强型爬升架、操作平台、双梁行车平台、顶部钢平台、固定附墙支撑、同步升降液压系统和控制系统等组成。通过塔式起重机加减标准节装置及爬升，实现钢平台系统的整体同步升降。钢结构平台采用模数化设计〔图 3.4(d)〕，实现了模块化、标准化和通用化。由于塔式起重机升降柱标准节的加减原理也是分离式，故归类为"断腿式"。

专家会议评审认为，该钢平台系统核心技术及其结构源自塔式起重机。在多台塔式起重机高空同步升降过程中，存在受力不对称造成爬升困难的问题。

3.2.3 多级油缸丝杆举升式钢平台系统

多级油缸丝杆举升式钢平台系统[46]主要由升降柱、爬升架、操作平台、双梁行车平台、顶部钢平台和同步升降装置等构成〔图 3.5(a)〕。其核心技术是：同步升降装置采用短行程油缸与长距离丝杆配合，通过短行程油缸反复驱动，实现了除顶部钢平台外的其他平台在丝杆上的整体上升和下降。顶部钢平台通过与下部钢平台的重合，采用下部钢平台的上升动力，托举顶部钢平台。因此，该系统仅需采用一套液压顶升机构，就可以实现所有平台的升降。

每组同步升降装置由 6 根 15m 长的重载型丝杆、12 组 300mm 短行程油缸、丝杆承载螺母及其同步旋转装置、平衡承载梁等构成〔图 3.5(b)〕。

多级丝杆举升式钢平台系统通过三维虚拟仿真设计与计算，并制作了 1:10 试验模型（图 3.6）和足尺控制系统。从理论到模型的研究表明，能够实现同步自动升降。

专家会议评审认为，一方面，由于整体受力偏载、油缸超长行走距离等方面的影响，承载丝杆与承载螺母之间可能出现卡滞现象；另一方面，油缸行走速度与螺母套旋转速度需要较高的同步性要求，且涉及同步性要求的匹配组数较多，同步性故障概率高。

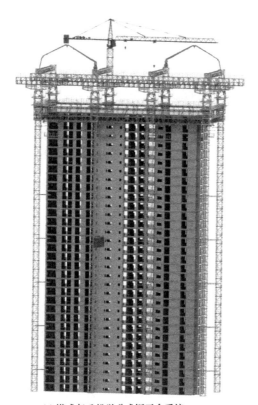

(a) 塔式起重机举升式钢平台系统

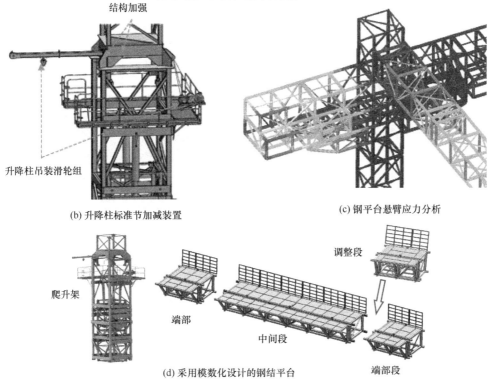

结构加强

升降柱吊装滑轮组

(b) 升降柱标准节加减装置

(c) 钢平台悬臂应力分析

爬升架

端部

中间段

调整段

端部段

(d) 采用模数化设计的钢结平台

图 3.4 塔式起重机举升式钢平台系统示意图

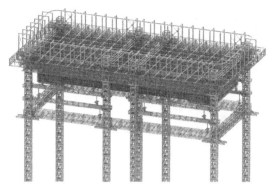

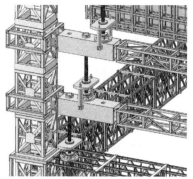

(a) 多级油缸丝杆举升式钢平台系统　　　　　　(b) 多级油缸与丝杆传动装置

图 3.5　多级油缸丝杆举升式钢平台系统示意图

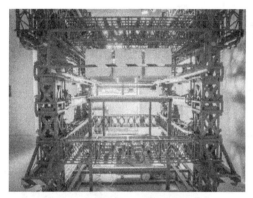

图 3.6　多级油缸丝杆全系统 1∶10 试验模型

3.2.4　整体爬升式钢平台系统

在以上研究成果的基础上，同时借鉴爬架系统、爬模系统、顶模系统等国内外同类成熟产品的优点，参考建筑行业相关结构设计标准和建筑机械行业相关产品设计标准，结合空中造楼机标准化设计，并与常规建筑楼栋平面进行适配性研究，提出了整体爬升式钢平台系统[47]，实现了空中造楼机的单元化、模块化、系列化、标准化和通用化。

整体爬升式钢平台系统由升降柱、爬升架、顶部钢平台、操作平台、双梁行车平台、固定式附墙支撑、下挂交叉流水施工平台、液压系统与控制系统等组成（图3.7）。顶部钢平台采用桁架式结构与贝雷片式结构相结合，在保持顶部钢平台强度和刚度的基础上实现了轻量化。其核心技术是，顶部钢平台与下部钢平台采用两套独立的爬升系统及其液压控制系统。两套系统互不干涉、作业灵活，降低了同步升降负荷要求，提高了液压系统的安全性能。沿建筑高度每三层设置一道固定附墙支撑。通过统一边界输入条件的多种参数化建模与有限元分析，结果表明整体爬升式钢平台系统整体安全性达到了各种工况下的要求。

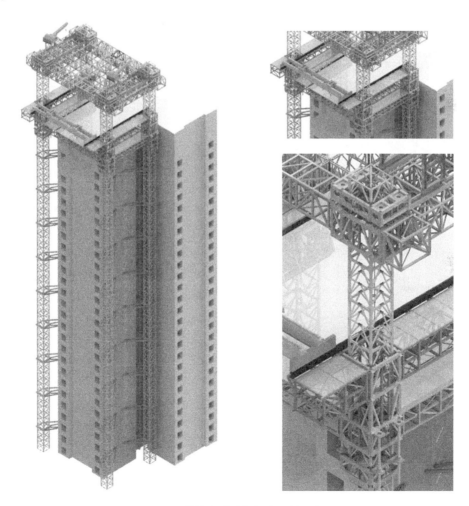

图3.7 整体爬升式钢平台系统示意图

其中，同步升降控制系统采用步履式踏步双驱动爬升结构（图3.8）。通过顶部加减升降柱标准节，实现全程"无脱腿"同步升降，不仅消除了1.0版空中造楼机加减标准节过程中的不平衡载荷，还提高了系统整体结构的可靠性和安全性；通过PLC、PID与交流变频速度控制（图3.9），实现了高精准性、高可靠度的同步升降控制。通过主升降油缸与随动锁定油缸的配合，实现了升降系统的高安全性。

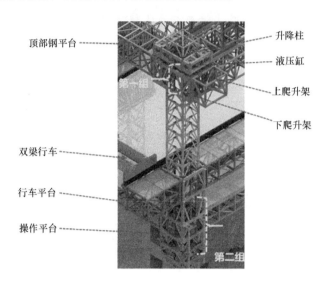

图3.8　步履式踏步双驱动爬升结构示意图

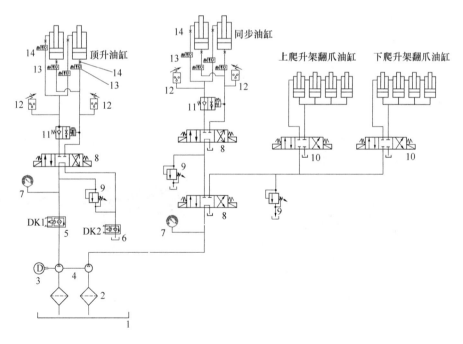

1—油箱；2—过滤网；3—变频电机；4—双联泵；5—高压过滤器；6—回油过滤器；

7—压力表；8—电磁换向阀；9—溢流阀；10—电磁换向阀；

11—平衡阀；12—压力传感器；13—电动止回阀；14—节流阀

图3.9　同步升降控制系统原理图

3.3 整体爬升式同步升降系统

落地式高承载力多点同步升降支撑系统是空中造楼机实现建筑高度方向"流水生产线"的关键系统。每一组支撑系统由升降柱（图 3.10）和爬升架两个子部品及其配套的液压升降系统、控制系统等组成（图 3.11）。升降柱由标准高度（如 2800mm、2900mm、3000mm 等建筑标准层高度）的标准节通过螺栓连接组成，与钢平台连接后将空中造楼机全部载荷传递至基础，单个升降柱承载力设计载荷 300t。单元式 4 点同步升降支撑系统，最大设计载荷为 1200t。

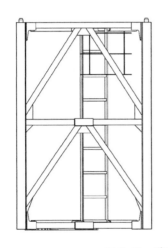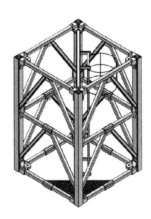

图 3.10　升降柱标准节

同步升降支撑系统爬升架分为两组，每组单独承载不同平台重量并可独立进行升降动作。每组爬升架又分为上、下两部分，每部分由爬架、导向轮、踏步组成，上下部分通过安装在中间的升降液压缸连接为一体。

爬升架沿升降柱进行上下移动，移动过程中导向轮提供导向并分配侧向荷载。爬升到位后打开踏步，通过踏步将载荷传递至升降柱上。

升降过程描述如下：首先，爬升架上、下部分的其中之一由控制系统控制踏步同步翻转打开，此时爬升架上部或者下部单独承载，双作用的升降液压缸开始提升或下降，爬升架不承载的部分则在升降液压缸的驱动下沿升降柱运动，就位后打开踏步承载。接着，爬升架上下部分中的上一个运动部分变为承载部分，承载部分变为运动部分，再通过升降液压缸驱动，就位后打开踏步承载，从而完成整个升降动作。

在整个升降过程中，液压、电控系统保证了同步升降的精确性和可靠性。同步升降系统采用交流变频电机驱动，实现了同步升降速度无级调节，最大同步升降速度为 320mm/min。

同步升降分为下部钢平台和顶部钢平台。其中下部钢平台为一组连接在一起的钢平

41

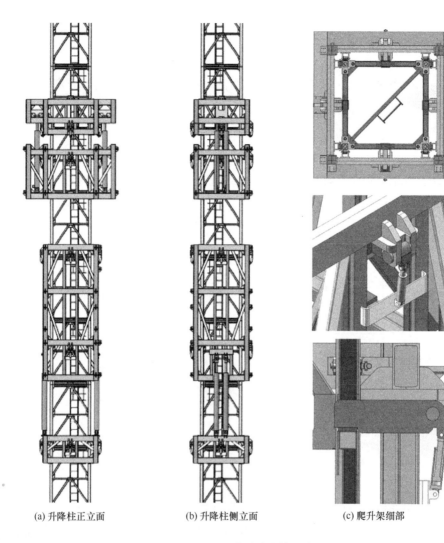

(a) 升降柱正立面　　　　(b) 升降柱侧立面　　　　(c) 爬升架细部

图 3.11　同步升降支撑系统

台，包括操作平台、双梁行车平台、下挂脚手架平台和顶部钢平台。平台升降力通过一对升降液压缸驱动，并采用同等升力的另一对升降液压缸随动并同步锁定。单组爬升系统最大提升力为 120t。针对第 8 章的示范工程，4 组爬升系统最大提升力为 480t，上下钢平台及其附属部品总重约为 230t（表 3.1），系统冗余系数大于 2.0。

　　上述升降系统中，采用油缸随动与同步锁定，可实现主驱动与随动驱动液压系统的完全互换，一方面确保一旦出现系统故障，同步锁定，确保安全性；另一方面，在特殊情况下，两组爬升架及其液压系统也可互为备份系统，一套液压系统出现故障，另一套液压系统可启动同步升降，可通过顶部钢平台带动下部钢平台，或下部钢平台顶升顶部钢平台的方式，实现平台系统的同步升降，从而不影响一般工作进度，提高现场工作效率。

示范工程用空中造楼机钢平台重量（单位：t）　　　　　　　表 3.1

顶部钢平台		双梁行车平台		操作平台		下挂平台	
平台	47	平台	24	操作平台	23	下挂架体	
过渡连接	8	双梁行车	22	物料平台	13	步行梯	
内模	46	走道板＋护栏	1	走道板＋护栏	2	走道板＋护栏	
外模	7						
走道板＋护栏	2.3						
2 台悬臂吊	12						
小计	134.3		47		38		11
顶部钢平台	134.3	下部钢平台（行车＋操作＋下挂）				96	
合计		230.3					

3.4　大跨度重载桁架平台结构

钢平台系统须满足空中造楼机内外模板系统自重、过渡连接机构自重、双梁行车自重及吊装载荷、施工活荷载、风荷载等全部荷载要求，因此整体上要有一定的刚度和足够的强度。另外，挂载模板的桁架区域需要足够的整体平整度以便于调节，行车轨道区域需要较小的挠度以便于双梁行车沿轨道精确控制位置，因此钢平台结构采用了大跨度重载桁架。

大跨度重载桁架由模数化设计的桁架式钢结构标准模块组装而成，单桁架模块跨度10m，以满足制造、运输与安装的要求。

大跨度重载桁架用于操作平台、双梁行车平台和顶部钢平台。操作平台桁架（图 3.12）、双梁行车平台桁架（图 3.13）全部采用桁架式结构，以提高平台承载力。特别是双梁行车平台，需承载双梁行车自重、双梁行车运行制动荷载、重载吊装件自重及其动载等。

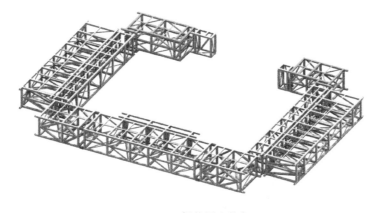

图 3.12　操作平台桁架

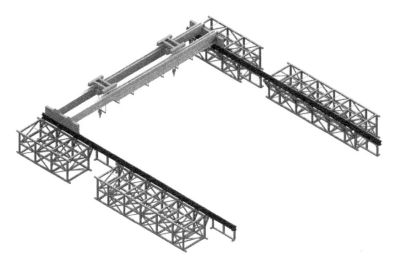

图 3.13　双梁行车平台桁架

　　顶部钢平台桁架（图 3.14）采用桁架结构与贝雷片相合。一方面，顶部钢平台承载了所有内外模板总成、布料系统、养护系统、平台地面预制构件和施工作业动载等，桁架式钢结构需要足够的承载力和刚性。另一方面，通过辅助贝雷片，降低了顶部钢平台的重量。

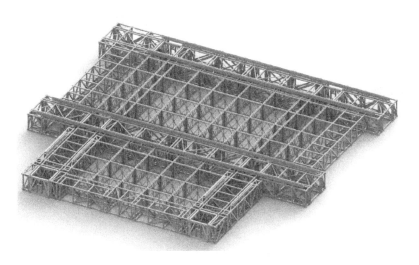

图 3.14　顶部钢平台桁架

　　由大跨度重载桁架构建的顶部钢平台或下部钢平台（图 3.15）与上爬升架总成的连接采用销的方式，通过上下爬升架在升降柱上进行同步爬升和下降，从而实现钢平台系统的整体升降。随着钢平台系统的持续爬升和建筑高度的增加，需要每隔三层安装一道附墙支撑与升降柱连接，确保由升降柱与钢桁架组成的整体钢平台系统能够满足各种工况，特别是高空风荷载条件下的稳定性和安全性。

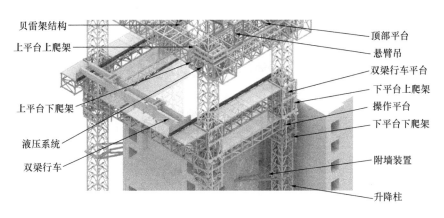

图 3.15 大跨度重载桁架平台结构示意图

空中造楼机钢平台始终处于高空状态。为了便于制造、运输和空中安装与拆卸，对顶部钢平台进行了设计优化。目标是在保证平台刚度和强度的前提下，通过部品的模块化与标准化组合，实现钢平台系统的轻量化。

顶部钢平台可采用主次桁架体系（图 3.16）、全贝雷片体系（图 3.17）和桁架贝雷片组合体系（图 3.18）三种结构形式。主次桁架体系在超大跨度平台系统上有较好的刚度，桁架结构重，制造、安装难度大，标准化程度低，匹配组合各种楼型难度大。全贝雷片体系，标准化程度最高，贝雷片拆装方便且可重复利用，适合各种楼型，但平台刚度较小，

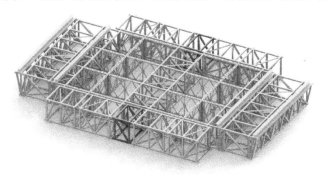

图 3.16 顶部钢平台主次桁架体系

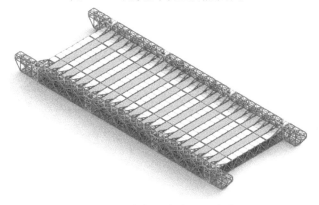

图 3.17 顶部钢平台全贝雷片体系

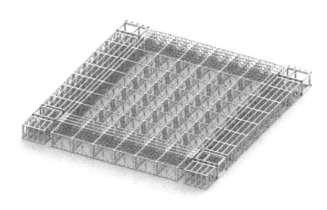

图 3.18　顶部钢平台桁架贝雷片组合体系

抗侧向力低。桁架贝雷片组合体系的主框架为桁架，中间用贝雷片连接，既能满足刚度要求，也能提高标准化，降低制造、安装难度和平台重量。顶部钢平台结构体系有限元分析结果也证明了这个结论。

3.5　空中造楼机建筑工程适配

标准化设计与工业化建造是空中造楼机建造工法的核心理念。一方面，建筑设计的标准化是空中造楼机设备通用化、标准化与系列化的前提。另一方面，空中造楼机设备对建筑工程的标准化适配，是实现空中造楼机的重复使用和工业化建造的基础。

本节通过比较研究长三角、珠三角和京津冀区域的大城市高层保障性住房户型，特别是北京、深圳、上海等城市相关政府部门主导出台的保障性住房标准图库，结合大型房地产开发企业内部标准图库，可以建立一套面向高层保障住房的基于空中造楼机建造工法的建筑标准化设计图库。基于标准化住房产品，可以形成基于构件标准化的保障性住房产品建造模型（图 3.19）。

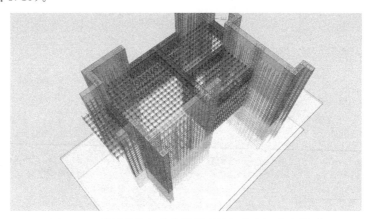

图 3.19　基于构件标准化的保障性住房产品建造模型
（注：图中蓝色代表现浇钢筋混凝土墙体，灰色代表轻质填充墙体，绿色代表连梁和楼面梁）

3.5.1 建筑模数协调

适用于空中造楼机建造工法的建筑设计，首先应根据模数协调设计原则，构建部品部件的工厂化生产、规模化定制和产业链配套。考虑到住宅建筑的复杂性，构件尺寸应以1M为基本模数，并优选下列模数尺寸（表3.2）：

高层住宅建筑模数优选尺寸　　　　　　　　　　　　　　　表3.2

部位	开间	进深	层高	门窗洞口		剪力墙厚度	楼板厚度	分户墙厚度	内隔墙厚度
				b	h				
优选尺寸	$3nM$	$3nM$	$1nM$	$3nM$	$2nM$	2M	1.2M	2M	1M
扩大尺寸	$2nM/1nM$	$2nM/1nM$				2.5M/3M	1.5M		

注：M＝100mm，n 为整数。

3.5.2 标准化户型与核心筒

目前，一般按面积系列建立政府保障性住房标准化户型，并按建筑高度建立标准化的核心筒。图3.20为北京和深圳的保障性住房的标准化户型和核心筒。同样也可以按面积系列建立普通商品房的标准化户型与核心筒（图3.21）。

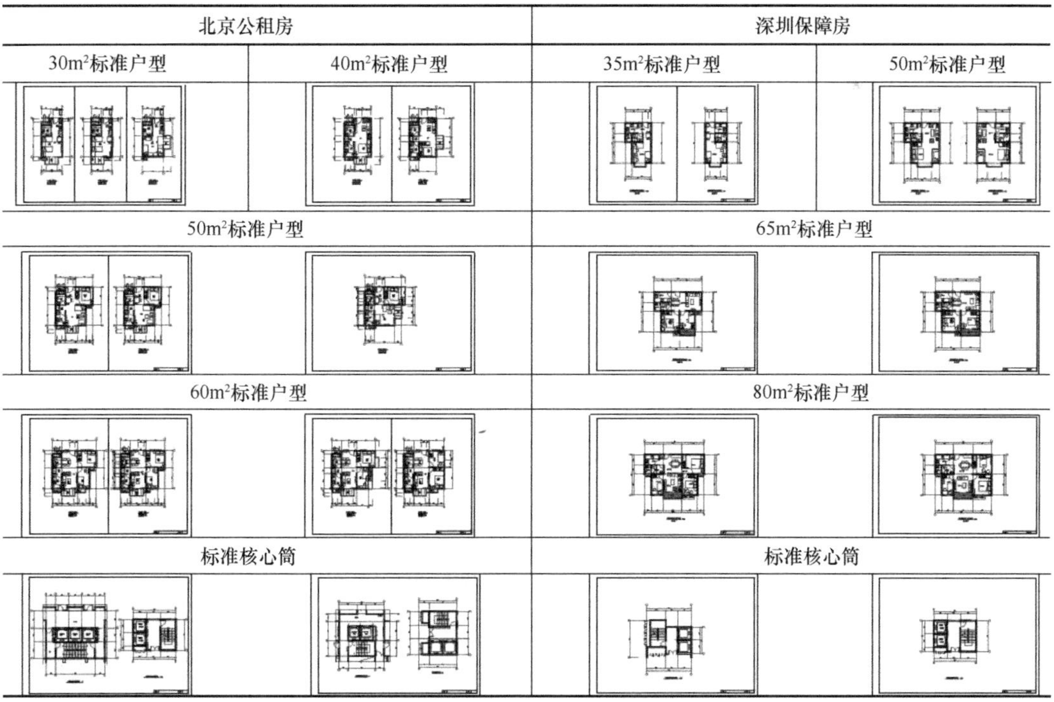

图3.20　保障性住房标准化户型及核心筒设计

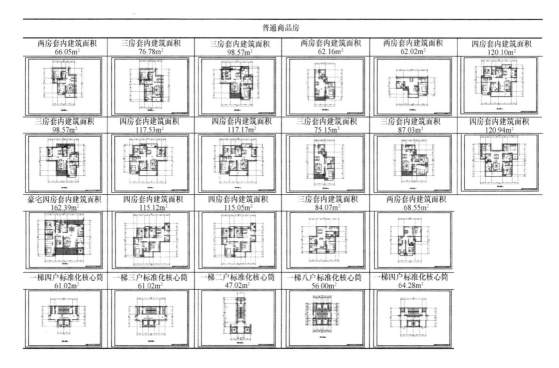

图 3.21 普通商品房标准化户型与核心筒设计

3.5.3 建造模块图库构成方式

根据建筑功能、建造方式、部品标准化等方式可将空中造楼机建造工法所对应的建造模块图库划分为 15 类：

（1）建筑功能模块，如房间、楼梯间、电梯井等；

（2）门窗洞口模块，包括预制凸窗模块；

（3）墙、梁、楼板留孔留洞模块；

（4）内模板模架模块；

（5）外模板模架模块；

（6）墙、梁混凝土现浇操作走道模块；

（7）模架下部自动喷雾装置模块；

（8）剪力墙钢网（笼）模块；

（9）预制轻质分户墙模块或预制轻质隔墙模块；

（10）钢筋桁架楼承板或叠合板模块；

（11）预制钢梯或预制混凝土踏板；

（12）给水排水集成管线模块；

（13）供暖集成管线模块；

（14）强电模块；

（15）通信模块。

3.5.4　模块组合与住宅产品

根据上述 15 种模块施工图，组合形成住宅产品及其配套产业链标准部品部件，安排合理的建造工序，进行成本控制与分析，并提供详细的工程量清单。

图 3.22 为通过模块组合形成的保障性住房和公寓类标准化住宅产品。图 3.23 为通过模块组合形成的普通商品房标准化住宅产品。

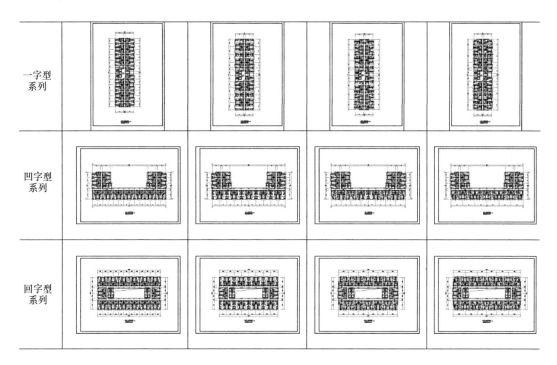

图 3.22　保障性住房和公寓类标准化住宅产品

标准化住宅产品应功能布局合理、楼栋形体简洁，并具备优良的抗震性能。在满足变形、位移、扭转与轴压比等抗震性能的要求下，结合高强、高流动性自密实混凝土的规模化应用，沿建筑高度方向，剪力墙截面（厚度）可不变或少变。钢筋网（笼）可按照规范要求的含钢量进行标准化配筋，有利于钢筋网（笼）部品标准化规模化生产。

标准化住宅产品楼栋形体类型可归纳为一字型、T 字型、十字型、凹字型、回字型等，与空中造楼机单元的组合形成适配。

为了提高建筑的可识别性和城市肌理的丰富性，外立面可形成由阳台、外窗、空调板、装饰线条及色彩变化所构成的标准化外立面套餐。

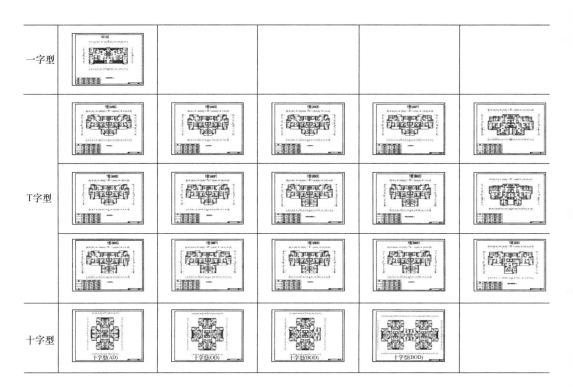

图 3.23　普通商品房标准化住宅产品

3.5.5　空中造楼机标准化部品库

通过标准化户型与核心筒的模块化组合，可以建立高层与超高层标准化住宅产品全套施工图储备库，从而形成空中造楼机配套标准部品储备库，并利用 BIM 技术自动形成全套施工图各专业工程量清单。

3.5.6　空中造楼机建筑适配

建筑标准化设计与空中造楼机的适配工作主要包括六大系统的建立，包括：由升降柱及其附墙支撑构建的钢平台支撑系统；由爬升架及其液压升降设备构建的钢平台爬升动力系统；由顶部钢平台、双梁行车平台、操作平台、下挂脚手架平台构成的多层级施工平台系统；对应于建筑功能空间的内外模板模架系统；以双梁行车、塔式起重机、电梯和物料转运平台构成的垂直与水平运输系统；对空中造楼机和建造现场实现自动控制与视频监控的智能化系统。

（1）升降柱用于支撑落地式空中造楼机各层建造平台和内外模板系统，承受系统全部载荷。升降柱由标准节组成，升降柱标准节高度与建筑标准层高度相同，如 2800mm、2900mm、3000mm 等。为保障升降柱的侧向稳定，需要通过附墙支撑与建筑主体结构连接。

（2）爬升架属于标准化产品，与升降柱标准节协调，包括顶部钢平台和下部平台两套独立的爬升系统。

（3）顶部钢平台标准化适配（图 3.24）包括爬升架、钢桁架、贝雷片，主要功能包括：上部支撑悬臂吊与布料机，下部悬挂内外模板模架，并提供加减标准节、安装电气与液压设施设备的平台功能。为满足空中造楼机整体回落的要求，顶部钢平台的周边托架需在建筑主体轮廓线之外。

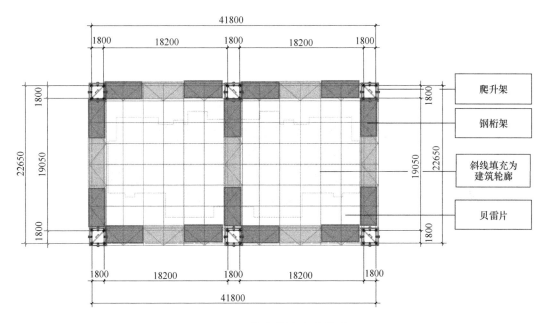

图 3.24 顶部钢平台标准化适配

（4）双梁行车平台标准化适配（图 3.25）包括爬升架、双梁行车平台托架、双梁行车平台悬臂托架、双梁行车轨道。双梁行车平台为双梁行车提供检修通道，并承载行车自

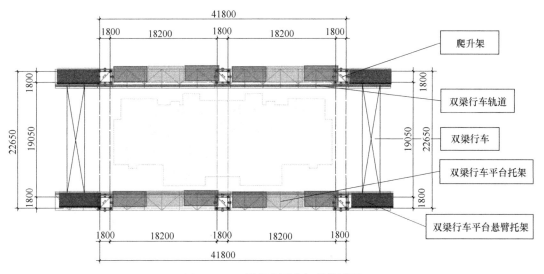

图 3.25 双梁行车平台标准化适配

重和吊重。双梁行车平台托架通过支耳和销轴安装在两个爬升架之间，双梁行车平台悬臂托架则采用同样方式安装在爬升架对称的另一个侧面。沿托架内侧面安装轨道支撑标准段和调节段。托架牛腿和爬升架轨道支撑组成一条完整的轨道铺设面，用于承载双梁行车。行车平台托架均由型钢拼接焊接而成，行车平台应满足空中造楼机整体回落要求，在内外模板合模浇筑时不会发生干涉现象。

（5）操作平台标准化适配（图3.26）包括主托架、悬臂托架和悬挑平台。托架和平台上面满铺走道板，设置防护围栏，并设有人员进出升降柱、进出下挂脚手架平台的通道，以及与楼面层衔接、与爬升架系统平台连接的通道或搭接翻板。操作平台的主要功能为：为施工人员提供作业面，包括浇筑楼面混凝土，安装墙梁钢筋网（笼）、楼面钢筋网，维护、清理内外模板，同时提供人员安全防护装置。操作平台需满足空中造楼机整体回落时不与建筑主体发生干涉的要求。

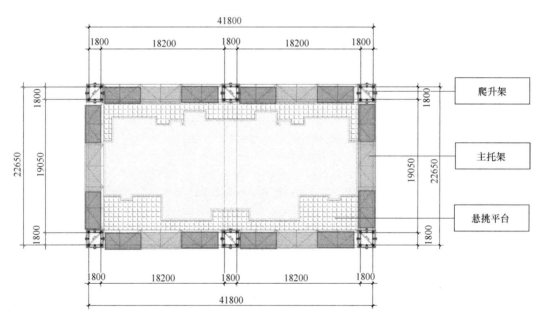

图 3.26　操作平台标准化适配

（6）下挂脚手架平台（图3.27）悬挂于操作平台下，应满足外立面相关施工中多道施工平台的要求。

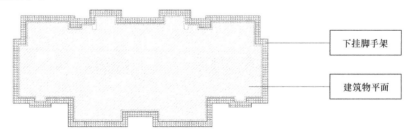

图 3.27　下挂脚手架平台标准化适配

（7）内模总成标准化适配（图 3.28）根据建筑功能空间尺寸确定，由铝或塑料模板及其钢背架、连杆、型钢中心架、电动开合模机构、微调整机构、防漏浆密封条组成。依靠电动开合模机构实现模板的自动开合，由顶部钢平台带动内外模总成整体上下运动。

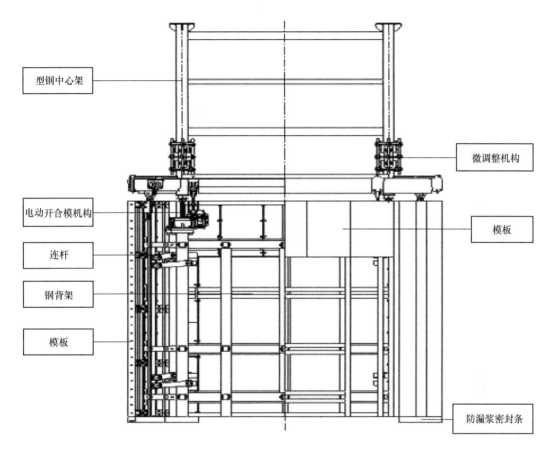

图 3.28　内模总成标准化适配

（8）双梁行车属于成熟的机械产品，需满足高空运行安全要求。

3.6　空中造楼机标准化与高效安装

平台系统部品部件的标准化，对于平台的高效安装、拆卸、运输、周转，以及设备设施的一体化集成具有重要意义。因此，在部品部件的设计与制造环节，需要特别重视降本增效，实现质量可控、工期可控，适合规模化生产，提高空中造楼机的运输与吊装效能。

平台系统部品部件的预拼装是指在部品部件完成制造、质检后，在工厂完成的第一次组装，便于发现、修正问题，为现场组装提供完整的方案、技术参数和应急预案，缩短现场安装周期，从而提高工程现场的建造质量和速度。

3.6.1 构件部品部件标准化

平台系统部品部件的标准化，除参照设计标准外，还需根据平台不同功能设计钢平台系统桁架式钢结构标准模块（图3.29）。标准化内容主要包括：

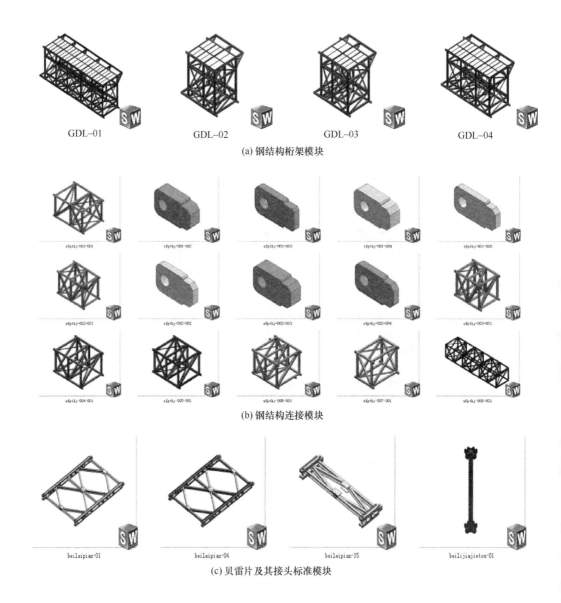

(a) 钢结构桁架模块

(b) 钢结构连接模块

(c) 贝雷片及其接头标准模块

图3.29 钢平台系统桁架式钢结构标准模块

（1）主杆、斜杆、节点、支耳的设计标准。

（2）主杆、斜杆的型材系列，支耳及销轴的尺寸系列，以及对应的承载力标准。

（3）主杆的间距尺寸系列，斜杆与节点的间距尺寸系列。

（4）部品部件的焊接标准。

通过标准桁架的不同搭配和拼接，在满足承载力的基础上，实现整个平台系统不同跨度尺寸的配置，完成与建筑标准化的适配。

3.6.2 高效安装技术

平台系统钢结构预拼装技术，是平台高效安装与拆卸的重要环节。包括桁架之间的连接、与贝雷片的连接、与爬升架的连接，目标是实现平台系统部品部件之间承载力的清晰简洁传递，并验证部品部件之间拼装的精度以及空中安装与拆卸的可操作性。

（1）基于桁架搭接的预拼装技术（图3.30）。在桁架结构端部设计搭接台阶，并以下侧台阶为安装操作面，采用垫片调整上侧搭接桁架，使两榀桁架的顶面高度一致，然后通过螺栓把合方式将两榀桁架连接成整体。由于两榀桁架对接的间隙较大，方便了桁架在空中的吊装就位和对接，并能可靠连接。搭接台阶处的刚度较大，实现了良好的抗弯性能和钢平台系统的结构整体性。

桁架搭接技术与工艺对于桁架的制造精度要求较低。尽管拼装时的调整工作量较大，增加了高空作业工作时间，但拆卸时依照拼装时的逆次序直接拆卸即可，减少了大量的临时过渡工装。连接节点简单可靠，几乎不需要修复即可重新投入使用。

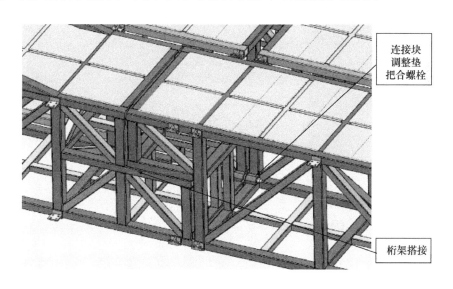

连接块
调整垫
把合螺栓

桁架搭接

图3.30 基于桁架搭接的预拼装技术

（2）基于支耳节点的预拼装技术（图3.31）。以支耳节点为安装基准，由销轴承载。支耳分为单支耳和双支耳，双支耳下设计了托板，便于吊装就位，同时增加了支耳抗弯抗扭性能。支耳的焊接精度要求较高或者需要配焊，单支耳的抗弯抗扭能力较弱。

（3）基于卡板螺栓组合节点的预拼装技术（图3.32）。桁架拼接连接节点采用了卡板与螺栓的组合，将分段桁架拼接为一体，整体钢结构可微调，可整体吊装、安装或拆除，连接可靠。

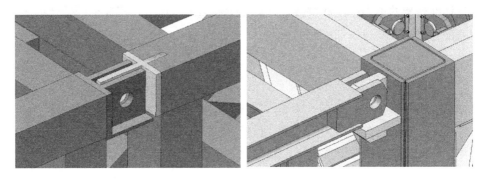

图 3.31　基于支耳节点的预拼装技术

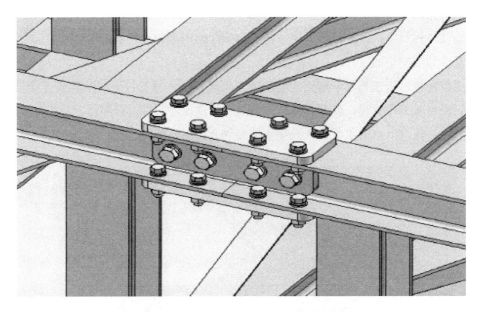

图 3.32　基于卡板螺栓组合节点的预拼装技术

3.6.3　钢平台安装虚拟仿真

采用有限元虚拟仿真技术，模拟平台系统的建造、安装以及升降过程。根据规范规定的载荷进行对应状态的模拟加载，根据不同状态下平台的应力、位移、节点反力、屈曲，评价整个平台系统的安全性。

开发了三维实体建模到有限元模型的直接转化方法，桁架、贝雷片结构的三维模型可以直接用于有限元建模分析，避免了重复建模，提高了效率。

图 3.33 表达了空中造楼机的安装与拆卸流程。

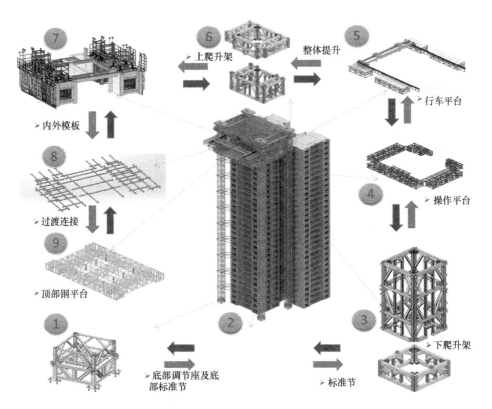

注：红色箭头表示安装流程，蓝色箭头表示拆卸流程

图 3.33 空中造楼机安装与拆卸流程示意图

空中造楼机设备设施一体化集成

与钢平台系统一体化集成的设备设施主要包括：双梁行车、内外模板总成、智能混凝土布料系统、物料转运与升降平台等，并可迭代集成各种建筑机器人设备。

4.1 双梁行车系统

4.1.1 双梁行车简介

双梁行车由桥架、装有起升机构的小车、大车机构和电气控制部分组成。

桥架结构为双梁箱型结构形式，由主梁、端梁、小车轨道、小车电缆滑架、梯子、平台及护栏等组成。桥架结构为可变跨式结构，满足标准化空中造楼机单元升降柱间距变化的幅度，以适应不同楼栋平面形状和尺寸，实现了双梁行车的通用性要求。

双梁行车小车运行机构传动系统由小车架、起升机构、运行机构组成，并形成整体。起升机构由变频电机、减速机、制动器、联轴器、传动轴、卷筒组、定滑轮组、吊钩组和钢丝绳等组成。

双梁行车大车运行机构传动系统由变频电机、制动器、减速机、车轮、角型轴承箱等组成。大车行走有 4 个行走车轮，安装在两侧端梁的两端，其中两个是主动轮，两个是被动轮。大车传动机构采用变频电机驱动，变频电机通过固定在走台上的减速机驱动车轮，电机与减速机之间通过联轴器与传动轴连接。在大车运动轨道两端设置有缓冲器。

4.1.2 双梁行车移动轨迹与移动性态控制

双梁行车在空中造楼机建造工法中的主要功能包括：垂直物料及水平物料转运，吊装钢筋网（笼）构件并定位，吊装混凝土料斗浇筑楼面，吊装需要更换的模板等，是空中造楼机主要的垂直起吊与水平运输设备。

双梁行车包括大车行走机构、小车行走机构及提升机构，其轨迹和移动形态控制主要由机械部分和电控部分组成。机械部分包括双轴电机、减速机、联轴器、转速编码器、齿轮齿条等；电控部分是一种全电子数值控制系统，主要由全数字驱动装置、可编程逻辑控制器、故障诊断和数据管理、数字化操作和点检测设备等组成，集成可变频调速、光纤数据通信、吊架防摇摆模糊控制、现场总线及二维条形码等技术。

大车、小车机构上安装有双轴电机，电机一侧输出轴通过减速机、联轴器与行走轮相连，另外一侧与转速编码器相连，大小车的行走轨道采用齿轮齿条方式。操作人员发出大小车运动位置信号，信号通过光纤传递给双梁行车变频电机，变频电机通过减速机、联轴器驱动运动，与此同时通过转速编码器记录转速情况，通过齿轮齿条记录水平位移情况，从而形成多个闭环反馈，实现大小车精确位置控制（图4.1）。

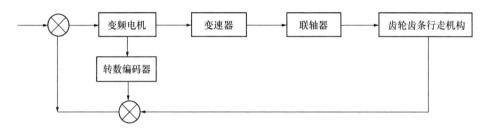

图4.1 通过闭环反馈实现双梁行车位置精准控制示意图

4.1.3 行车轨道与钢平台系统集成

双梁行车轨道支撑件与操作平台系统采用装配式连接，连接方式如图4.2所示。

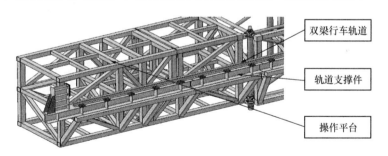

图4.2 双梁行车轨道支撑件与操作平台系统连接示意图

轨道采用轨道压板连接到轨道支撑件上，方便双梁行车的拆装，双梁行车的起重量根据起吊物品重量，按照3t、5t、8t三种模数制选择。基于双梁行车的起重量，轨道压板的尺寸及轨道压板螺栓按照起重量模数制对应选择，实现双梁行车在不同规格钢平台系统中的通用性要求。

4.1.4 双梁行车抗倾覆设计

双梁行车在高空承受水平方向风载和垂直方向吊装载荷。当水平载荷过大时，双梁行车容易发生倾覆。空中造楼机配置的双梁行车采用大车轮反钩设计，大车、小车制动器采用高安全系数的常闭液压制动器，因此可以确保双梁行车不会发生倾覆现象。

双梁行车抗倾覆设计主要考虑双梁行车平台悬挑部分结构的安全性。双梁行车平台悬臂梁部分通过附加桁架与操作平台悬挑部分连接（图4.3），并通过销轴将此附加桁架与爬升架连接成整体，从而在结构设计上确保了双梁行车悬挑梁部分的安全性与可靠性。

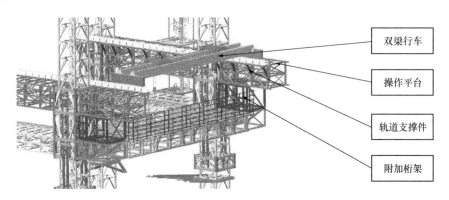

| | 双梁行车 |
| 操作平台 |
| 轨道支撑件 |
| 附加桁架 |

图4.3 双梁行车轨道梁悬挑示意图

为防止双梁行车在风荷载作用下产生滑移，在轨道中间与轨道两端均设置自锁固定装置。在轨道中间采用铁鞋和夹轨器，铁鞋可确保在双梁行车滑移时，能够安全平稳地起到摩擦制动作用，夹轨器可夹住轨道两个侧面来防止双梁行车滑动（图4.4）。在两端设置插销锁定装置，当双梁行车运动至轨道两端需要锚定时，将双梁行车与轨道底板通过插销装置锁定在一起。

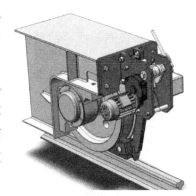

图4.4 双梁行车锁定装置——
夹轨器示意图

4.2 墙梁模板系统

由剪力墙、柱或梁围合形成的最小矩形空间对应一组内模板，内模板对应的每段外墙定义为一组外模板。

4.2.1 模板材料及标准模板库

在前期塑料模板、贴膜钢模板等模板材料研究的基础上，对塑料模板和铝合金模板的综合性能进行了比较和试验建造。由于塑料模板的温度变形偏大，不适合组合形成大面积的平模 [图4.5（a）]。按照课题组的建议，东北某企业开发出了铝合金背架与复合材料板组合的标准化模板，解决了变形和强度问题，并在混凝土工程中得到了实际应用 [图4.5（b）]。

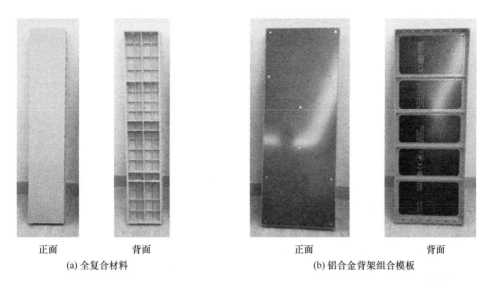

正面　　　　　　　背面
(a) 全复合材料

正面　　　　　　　背面
(b) 铝合金背架组合模板

图4.5　复合材料免脱模剂模板

我们将模板系统也同时纳入了空中造楼机的 BIM 模型中（图4.6）。通过研究墙梁模板的模数化组合和优选规格，并根据墙体的模数规格尺寸，开发系列标准模板，并形成模板库。

图4.6　空中造楼机 BIM 模型

示范用空中造楼机模板材料采用了铝合金模板。根据铝合金模板通用规格，确定了10 种平模规格和 2 种角模规格，同时开发了与平模对接的 45°异型模和 T 型模。可根据模数协调原理组合各种尺寸的墙梁模板，满足所有墙梁模板配置的要求。

为了适应剪力墙沿建筑高度方向变截面的需求，可通过更换角模规格和改变平模连杆连接孔位置的方法，实现标准化的模板工艺。

4.2.2　无动力开合内模板系统

依靠顶部钢平台系统的竖向移动，带动内模板系统中心架竖向移动，从而驱动平行连杆带动模板水平开合，并由平模带动角模移动。由于不是电机直接驱动连杆运动，因此称为无动力开合内模板系统。由于无动力模板开合系统无法实现模板单元的独立开合动作，因此无法实现分段浇筑和分期开模的要求。

模板中心架平衡了模板浇筑时产生的侧向荷载，因此内模板无需采用对拉螺栓。无动力无对拉螺栓开合内模板系统（图4.7）在住宅科技产业技术创新联盟（北京）试验示范基地实现了示范建造。

图 4.7 无动力无对拉螺栓开合内模板系统

1.0 版空中造楼机采用了无动力开合内模板系统。试验建造发现存在下列问题：

（1）角模连杆机构采用单连杆机构，在合模板及混凝土浇筑过程中易产生模板晃动与摆动、模板定位不准、浇筑质量不高的现象。

（2）模板开合方式采用平台向上移动或向下移动带动模板连杆，实现开模或合模动作。受制于钢平台挠度和楼层浇筑平面精度的影响，模板在合模时，会带动模板超距离动作而发生与楼面顶死直至损坏模板的现象。

（3）模板防漏浆体系采用地面加装角铁方式。该方式受制于混凝土地面的平整度，因此模板在完成合模动作后，还需要通过抹砂浆或填发泡胶的方式才能达到防漏效果。而对于墙角处和或柱角部位，由于下部空间狭小，施工难度更大。

（4）模板定位采用施划基准线方式对模板进行定位，且每层需要重复这项工作并进行辅助模板定位，不仅需要大量的人工，而且还会影响工程进度。

2.0 版空中造楼机内模板系统采用主动调节模板竖向定位技术的有动力开合内模板系统[48]，解决了上述问题。

4.2.3 有动力开合内模板系统

一个标准的有动力开合内模板系统单元（图4.8、图4.9）由上中心架、水平微调机构（双方向）、过渡中心架、电动丝杠机构、水平滑轮机构、下中心架、连杆、角模、平

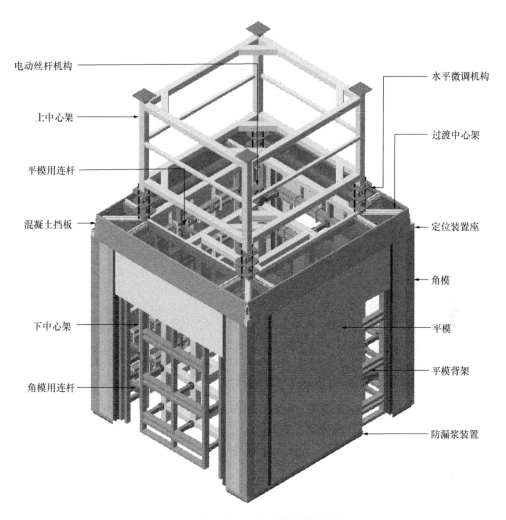

电动丝杆机构

上中心架

平模用连杆

混凝土挡板

下中心架

角模用连杆

水平微调机构

过渡中心架

定位装置座

角模

平模

平模背架

防漏浆装置

图 4.8 有动力开合内模板系统示意图

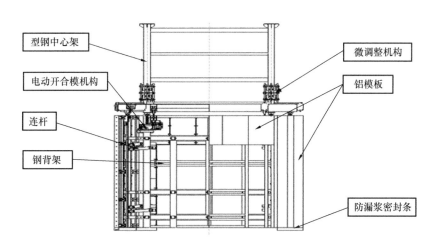

型钢中心架

电动开合模机构

连杆

钢背架

微调整机构

铝模板

防漏浆密封条

图 4.9 有动力开合内模板系统结构图

63

模、模板背架、防漏浆装置、混凝土挡板、定位装置等组成。中心架采用 Q345 型钢焊接结构，上中心架、微调机构、过渡中心架通过螺栓固结在一起形成模板系统的上半部分；平模和角模通过连杆与下中心架连接，并通过水平滑轮机构与过渡中心架连接；下中心架上端通过螺栓与电动丝杠固结，电动丝杆通过销轴与过渡中心架铰接。各个模板单元与顶部钢平台通过过渡连接固结。

示范项目采用了有动力开合内模板系统。有限元力学分析（图 4.10）表明，内模板系统无需穿墙对拉螺栓，即可满足模板侧向刚度的要求。

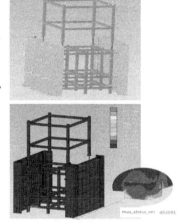

■边界条件
➤浇筑力：由下及上线性分布浇筑力。
➤约束条件：上部中心架与钢平台固结，模板四角定位角钢。
➤模板材质：模板为铝合金，背架为Q345碳素钢。
■应力及变形
➤应力：大部分区域的应力低于100MPa，局部存在应力集中，如定位角钢与楼面混凝土接触位置。
➤变形：角模上部处最大变形3.1mm。

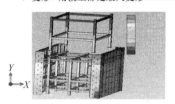

图 4.10　有动力内模板系统有限元分析

4.2.4　人工推拉外模板系统

人工推拉外模板系统是将外模布置在操作平台上，并在操作平台上设置型钢轨道，通过人工推动滑行至规定位置后，采用穿墙螺栓与内模板固定。混凝土浇筑并达到开模强度后，拆除穿墙螺栓，人工沿轨道拉出外模，完成外模板的开合模动作。人工推拉外模板系统（图 4.11）在住宅科技产业技术创新联盟（北京）试验示范基地实现了示范建造。

尽管人工推拉外模板系统简单，但随着建筑高度的增加，升降柱标准节累计弹性压缩变形也随之增大，造成操作平台与楼层的相对高差越来越大，需要加大外模板的高度或设置升降柱标准节间垫板。另一方面，混凝土浇筑产生的侧压力会通过外模所在的操作平台传递给升降柱结构，增加了钢平台侧向受力。

4.2.5　有动力开合外模板系统

有动力开合外模板系统将外模板通过平行四连杆吊挂在顶部钢结构平台下方，与内模板一样随钢平台上下移动（图 4.12）。外模板系统主要由上连接支座、内模中心架、短连

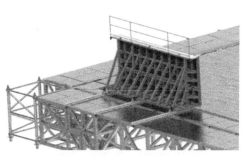

(a) 人工推拉外模板系统模型

(b) 试验建造：外模板系统合模前

(c) 试验建造：外模板系统合模后

图 4.11　人工推拉外模板系统及试验建造

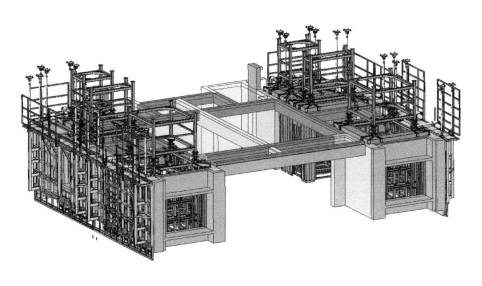

图 4.12　有动力开合外模板系统示意图

杆、外模架和电动推杆组成（图 4.13），通过电动推杆控制模板水平位置并实现开合模动作。

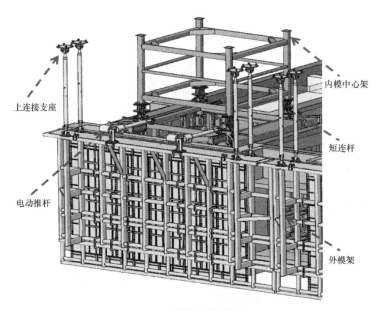

图 4.13 外模板总成示意图

4.3 混凝土布料系统

空中造楼机建造工法中，模板系统和混凝土浇筑效率对于提升高层建筑建造质量和自动化水平同样重要。对于混凝土布料技术，项目探索了两种智能布料技术：一是面向传统布料杆工艺缺陷改进的智能臂架布料技术；二是面向空中造楼机建造工法开发的二次轨道智能布料技术。

4.3.1 智能臂架布料技术

目前，高层建筑混凝土泵送工艺主要采用拖泵配合布料杆浇筑混凝土。对于传统布料杆系统而言，一方面需要操作人员对布料杆的每节臂架进行单独控制，提高了臂架末端平稳移动和精确定位的难度，操作人员的劳动强度大。同时传统布料杆工作时会受到周期性的泵送冲击而产生振动，也会影响布料杆末端定位和混凝土布料的稳定性。另一方面，由于传统布料杆与拖泵之间没有关联控制，也容易出现操作失误的现象。

新型智能布料技术是通过 PLC 总控系统将布料机与拖泵联系起来，布料杆末端出口流量可直接反馈到拖泵流量控制系统中，实现末端需求流量与拖泵输出流量一致。智能布料技术在节省工时和材料的同时，大幅降低了操作人员的劳动强度。

新型智能布料杆采用臂架姿态调整定位技术并通过 PLC 自动控制，不但可以实现布料杆的末端自动定位，还能按照最优化臂架姿态方案自动规划每节臂架的姿态。操作人员可以通过遥控器、手机或手柄等移动端发出智能布料杆末端姿态要求及其指令，实现智能布料杆整体姿态的自动控制，极大地降低了操作人员的劳动强度。智能布料杆根据浇筑对象不同采用不同姿态（图 4.14），并根据智能布料逻辑（图 4.15）规划布料杆末端软管沿着最短路径到达指定位置并完成布料。通过主动避震系统可有效抑制拖泵的周期性冲击，避免臂架产生大幅度的震荡，提高了布料杆末端的定位精度和混凝土布料的平稳性能。

立柱自动浇筑　　　　平行自动浇筑

图 4.14　智能布料杆整体姿态示意图

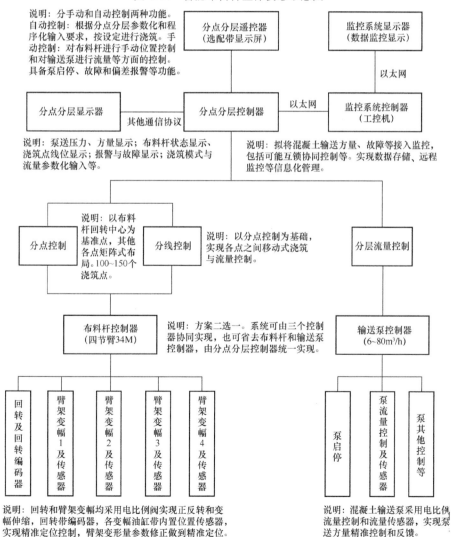

图 4.15　智能布料逻辑示意图

智能布料杆根据预先设置的浇筑顺序、浇筑方量和浇筑路径，实现定点、定量智能布料。若选择分层布料模式时，智能布料杆也可以根据分层布料方量所需时间实时调整泵送机构即换向次数，实现定时分层布料要求。

4.3.2 二次定点布料技术

项目研究了一种基于轨道移动的混凝土定点浇筑布料装置，可实现二次智能布料[49]。该装置主要包括移动机构、搅拌系统、泵送系统、浇筑机构和控制系统（图4.16）。移动机构的驱动单元驱动移动支架沿轨道方向水平移动。搅拌系统下方设置流量控制机构，通过两级搅拌仓保持混凝土泵送压力与泵送方量的稳定与可控，浇筑机构中的泵送头可以实现水平位移和竖向位移，便于与固定布置的浇筑点连接管连接。控制系统实现移动机构、搅拌系统、泵送系统和浇筑机构的智能运行。二次定点布料装置及其控制系统可以实现自动寻点对接固定布置的浇筑点，并完成定量输送、稳压布料和定点浇筑。

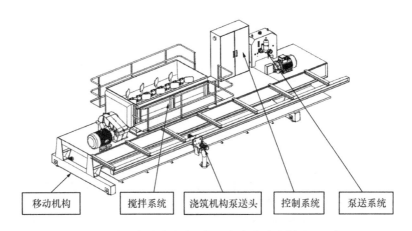

| 移动机构 | 搅拌系统 | 浇筑机构泵送头 | 控制系统 | 泵送系统 |

图4.16 基于轨道移动的混凝土定点浇筑布料装置示意图

显然，基于轨道移动的二次智能布料技术可大幅度提升作业效率，降低操作人员劳动强度，避免混凝土浇筑过程中的溢出现象。

4.4 自动喷雾养护系统

工程现场浇筑的墙体，楼面需要定期进行喷水养护，从而提高混凝土质量。一般采用的人工洒水养护工序、养护时间和养护范围均由人工掌握，不仅容易浪费水资源，而且效率不高。

空中造楼机在模板模架上设置现浇混凝土自动喷雾养护系统。自动喷雾养护系统可根据空气温度、湿度和施工工序实现定点启动、定时长喷雾，也可作为工程现场降温除尘装置。

自动喷雾养护系统由压力表、温控雨淋阀、温感器、供水系统和高速水雾喷头组成。

4.5 竖向载货平台系统

竖向载货平台系统由竖向载货升降平台、定滑轮组、动滑轮组、防摇摆起升钢丝绳、钢丝绳导向锥套、卷扬机以及 PLC 控制系统构成（图 4.17）。

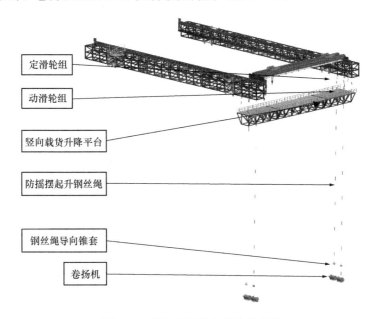

图 4.17 竖向载货平台系统示意图

竖向载货平台升降采取"电机减速机提升＋防摇摆导向"设计方案，可以将钢筋网（笼）、预制构件等建筑材料与工具由地面起吊至所需楼层标高位置。由于载货平台载重量大、升降速度快，因此需要配置智能防摇摆、激光防撞、超重报警等功能，确保竖向载货升降平台的安全性与可靠性。

通过持续监测起升钢丝绳拉力并控制卷扬机保持钢丝绳处于拉紧状态，当竖向载货平台升降过程中受到风荷载发生水平偏移时，不会影响竖向载货平台的升降运动。另外，在竖向载货平台上设置激光防撞系统，当竖向载货平台距离已浇筑墙体太近时，系统在发出报警的同时控制卷扬机产生收绳动作，通过增大钢丝绳拉力，确保竖向载货平台与已浇筑墙体之间的安全距离。

墙梁模板定位与自动开合系统

5.1 模板定位

5.1.1 内模板竖向定位

2.0版空中造楼机内模板系统采用主动调节模板竖向定位技术。当顶部钢平台系统下降至距楼面50mm时，电动丝杠启动，电动丝杠驱动模板进行竖向移动，同时模板通过吊挂在过渡中心架上的滑轮进行水平滑动，从而实现合模动作。位移编码器电动丝杠协同水平滑轮实现了模板在高度方向上的位置微调（图5.1），微调精度可达2mm。

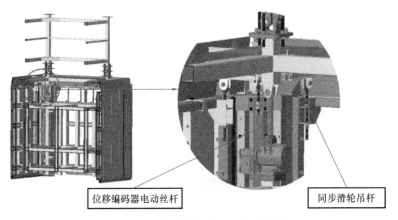

位移编码器电动丝杠　　　　　　同步滑轮吊杆

图5.1 内模板系统竖向定位示意图

5.1.2 内模板水平定位

为实现内模板的水平精确定位，制定了在楼面设置墙梁定位角钢、楼面与模板锥套牵引及预埋定位型钢等方案，并开展了对比试验建造研究。

在1.0版空中造楼机试验建造中［图5.2（a）］，是在剪力墙钢筋底部或门洞所在楼面位置设置角钢，通长设置的角钢与剪力墙钢筋焊接或与地面固定，当模板水平位移至与角钢立面紧贴时，完成模板的水平定位。

在 2.0 版空中造楼机示范建造中 [图 5.2（b）]，是在楼层现浇混凝土中预埋定位型钢，预埋位置与房间四角对应，实现内墙模板定位和辅助固定。

预置定位角钢

(a) 预置通长定位型钢

预置水平定位装置

(b) 预置式定位型钢

图 5.2　内模板系统水平定位工法实景图

为了减少人工预埋工作量，采用了预置式定位型钢埋设工法（图 5.3）[48]。预置定位型钢通过螺栓固定在角模上部的定位安装构件上，且定位型钢的两个方向均与角模精准贴合。待剪力墙浇筑完成后，打开预置定位型钢与定位安装构件之间的连接螺栓，模板系统开模提升后，预置定位型钢与模板单元分离并留置在混凝土剪力墙里（定义为 $n-1$ 层）。预置定位型钢的高度应确保在楼面混凝土浇筑完成后能够高出楼面 70mm 为宜。平台系统协同模板系统下落至楼面一定高度且与定位型钢叠合 20mm 左右时，平台系统位移传

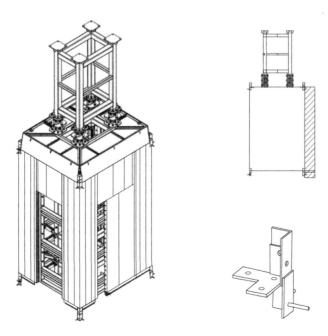

图 5.3　预置式定位型钢埋设工法示意图

（图片来源：参考文献 [48]）

感器反馈信号，启动模板系统 PLC 控制系统，微调整机构协同定位型钢实现 n 层模板的水平定位。

5.1.3　外模板竖向定位

外模板竖向定位采用一次性调整吊杆长度的方式实现。当外模安装完毕后，用全站仪测量各模板的水平高度差，以最高点为基准，形成各组模板高度方向的相对差值清单。根据各组模板的相对差值，调整吊杆长度（短连杆），保证所有外模高差不大于 2mm（图 5.4）。

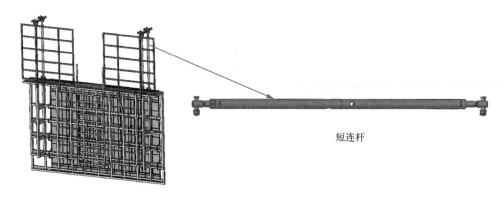

短连杆

图 5.4　调整短连杆长度实现外模竖向定位示意图

5.1.4　外模板水平定位

模板系统整体随钢平台下落后，因各种原因可能导致外模板与墙体出现水平位置偏差，采用电动推杆实现外模板水平方向的精准定位。

采用设有回转编码器的外模电动推杆（图 5.5），通过电控系统控制电动推杆行程，将外模板水平位置精度控制 0.5mm 范围内。

短连杆长度调整与电动推杆行程控制协同实现了剪力墙外立面的平整度与垂直度。

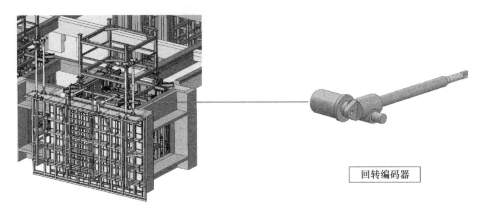

回转编码器

图 5.5　控制电动推杆行程实现外模水平定位示意图

5.2 模板自动开合

5.2.1 内模板系统

在内模板模架系统中，平模通过多道平行连杆与下中心架相连，角模通过三角铰链与平模相连 [图 5.6 (a)]。电动丝杠驱动平行连杆实现平模的水平移动，与平模相连的三角铰链牵引角模实现水平随动，完成合模（支模）或开模（拆模）的过程。

显然，平模为主动开合模板，角模通过铰链机构成为随动模板。在合模时，平模带动角模移动并实现接缝处的自动闭合；开模时，平模在电动丝杠驱动下随连杆先行移动后，角模通过三角铰链跟随平模向中心方向移动。另一方面，平模与角模的接触面均为 45°斜面 [图 5.6 (b)]，因此既解决了平模与角模的干涉问题，还能避免平模与角模接缝处产生漏浆现象。

(a) 角模通过三角铰链与平模相连　　　　　(b) 角模和平模接触处为45°

图 5.6　角模与平模的随动开合关系

模板开合控制系统具备以下功能：

（1）整体模板自动开合功能。

（2）单组模板的选定及其独立开合功能。

（3）多组模板的选定及其成组开合功能。

（4）电机断相保护、超载保护功能。

模板自动开合控制系统采用主从分布式组网的智能控制系统（图 5.7），可实现模板单元独立开合、局部区域组合模板开合或楼层整体模板开合等多种方式。采用模块化系统设计，布线方式简单、操控界面友好，并支持远程遥控操作和可拓展接口。同时，网络监控系统实时监控模板开合的全过程，实现过程监控与数据采集。

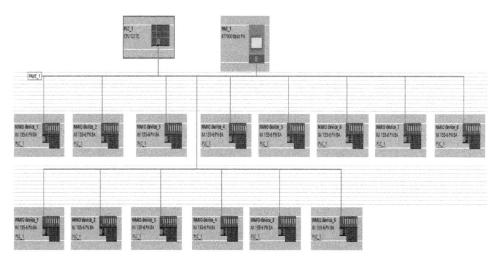

图 5.7　模板自动开合控制系统拓扑图

在 2.0 版空中造楼机中，主站控制系统采用西门子 S7-1500 ＋西门子 9 寸真彩屏；主站与从站采用 Profinet IO 组网，主控系统通过以太网与地面总控系统组网。

分布式从站控制系统采用多路西门子 ET200 分布式 IO 模组，包括多组内模自动开合子系统和多组外模自动开合子系统。组网方式采用西门子 Profinet 协议，综合布线便利。

5.2.2　外模板系统

外模通过平行四连杆机构连接于顶部钢平台过渡连接上，电动推杆的一端固定在外模上端面，另一端固定在内模中心架上部。通过电控系统控制电动推杆的伸出和缩回，实现外模的自动开、合（图 5.8）。

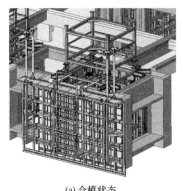
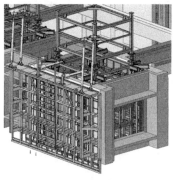
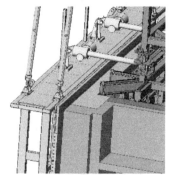

(a) 合模状态　　　　　　　　　(b) 开模状态　　　　　　　　(c) 开模状态（局部）

图 5.8　外模自动开合模状态示意图

为保障外模板承受浇筑混凝土时产生的侧向推力，外墙模板通过穿墙螺栓与对应的内模板固定，开模前拆除。

5.2.3 控制系统人机交互

在模板开合系统控制主站，实现与控制系统的人机交互功能（图 5.9）。包括显示模板的开合状态和模板的开合过程，并具备系统故障自我诊断功能。

图 5.9 模板开合控制系统人机交互界面

在每个模板单元设置开合电控箱（图 5.10），可独立操控单个模板机构的开合，并具备急停、手动检修功能。

(a) 从站电控柜操作面板 　　(b) 从站电控柜内部线束

图 5.10 模板开合控制系统从站开合电控箱

钢平台智能同步升降系统

6.1 智能升降系统工作原理

2.0版空中造楼机同步升降系统采用了两组上下分置的爬升系统。每组爬升系统至少由4个及以上的爬升机构组成。每组爬升系统单独承载不同平台重量并可独立进行升降动作。其中第一组（上组）承担顶部钢平台（包括附属安装设备部品和下挂模板模架系统）的重量，第二组（下组）承担下部钢平台（包括操作平台、双梁行车平台、下挂平台及其附属安装设备部品）的重量。

单个爬升机构（图6.1）由两个独立的爬升机组构成。单个爬升机组包括上爬架、下爬架、2个液压顶升油缸、2个同步保护油缸、8个踏步油缸。

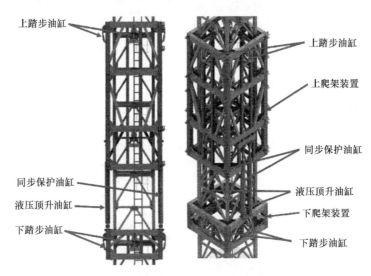

图6.1 单组爬升机构示意图

其中，爬架的4个方向均安装了踏步油缸，为带弹簧的自复位单作用油缸，实现爬升架与升降柱的锁定与解锁动作。上爬架或下爬架由爬架本体、导向轮和踏步组成，上爬架与下爬架通过安装在中间的升降液压缸连接为一体。爬升架沿升降柱进行上下移动，导向轮除了导向功能外，还实现了侧向荷载的传递。爬架到位后打开踏步，通过踏步将载荷传递至升降柱上。

在实现钢平台升降过程中，爬升架的上部或下部爬架的 4 个踏步由系统控制同步翻转打开，此时爬升架的上部或者下部单独承载，（双作用）升降液压缸开始提升或下降，不承载的上爬架或下爬架则在升降液压缸的驱动下沿升降柱运动，就位后同步合上 4 个踏步承载；然后爬升架中上一个动作中的运动部分变为承载部分，承载部分变为运动部分，通过升降液压缸驱动就位后合上踏步承载。通过上下爬架的往复运动实现钢平台的连续升降。

从平台同步升降系统的电气控制框图（图 6.2）可以看出：爬升机组电液控制系统由一组变频电机带动液压双联泵，与变频电机的转速反馈信号组成转速闭环控制系统；根据同步升降系统主站 PLC 的智能控制，可精确调节各爬升机组的液压泵的输出排量，从而实现精确分配各爬升架的同步升降速度。

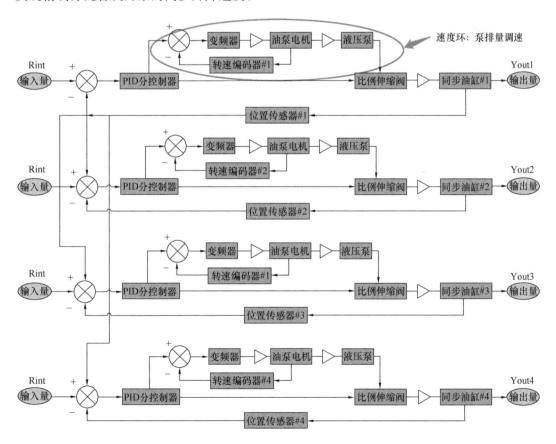

图 6.2　多液压油缸同步升降前置补偿式闭环电液控制系统图

输出量（Youti）：比例阀的开口度调节（4～20mA）；输入量（Rint）：给定目标的上升/下降高度；

控制量内环：泵排量速度控制，由变频器负责调节；控制量外环：油缸位置控制，由控制器负责调节。

同时，各从站 PLC 控制模块单元中用于检测顶升油缸运动行程的拉绳编码器与同步油缸的伸缩比例阀组成位置闭环控制系统，实现平台整体同步顶升过程的平稳启、停及同步精准微调。

在同步保护油缸的协同保护下，实现了整个平台同步顶升过程的安全、平稳、精准。

平台智能升降系统可实时检测各从站控制模块单元的液压油缸的输出压力，并计算平台顶升力。当出现载荷分配不均匀或超出设计荷载±5％时，同步升降系统强制急停。同时，当遇到异常情况时，可立即启动安全保护措施，同时触发预警、报警措施。

6.2　智能同步升降控制系统

平台同步升降控制系统包括顶部钢平台升降控制系统和操作平台升降控制系统两个独立子系统，独立子系统之间为互锁方式。同步升降独立子系统设计有效降低了平台系统同步顶升负载。

按空中造楼机的布置方式，同步升降控制系统由多道爬升架升降机组电控子系统组成，一般分为 4、6、8 道。每组电控子系统由变频电机、液压泵站、变频器、电液比例阀、顶升油缸与随动油缸、拉绳传感器、油压传感器和爬升架升降控制柜组成。

单个爬升架升降机组采用标准化设计，爬升架升降机组之间完全通用，可零差异互换，提高了系统生产与调试效率。每道电控子系统可进行单独调试控制，互不干扰。

每组电控子系统全部听从于主站的统一运算和控制，主站进行故障采集时能精准定位机组位置。

主站控制系统采集整个控制系统 IO 数据、传感器系统、系统总线通信数据、附属设备通信数据信息（图 6.3）。

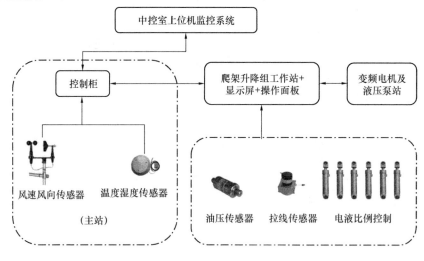

图 6.3　钢平台同步升降主站控制系统

2.0版空中造楼机钢平台同步升降电气控制系统由以下硬件组成：

（1）主站控制系统：采用西门子S7-1500＋西门子10寸彩显屏，主站控制系统通过光纤传输方式与地面中央控制系统组网。

（2）从站分布式IO模块：从站分布式IO模块数量依爬升架机组数量确定。每个从站分布式IO模块采用4路西门子ET200SP分布式IO模组＋7寸彩显屏，支持常规输入\输出模块、工艺模块等。

（3）组网方式：采用Profinet协议，使用等时同步模式（IRT）采集分布式IO模块同步数据。

（4）系统集成标准化OPC UA通信协议，连接控制层和IT层，实现与上位SCADA/MES/ERP或者云端的安全高效通信。

（5）借助ODK，S7-1500控制器可直接运行高级语言算法。

（6）通过PLC SIM Adv可将虚拟PLC的数据与仿真软件对接。虚拟调试实现错误预知，减少现场调试时间。

（7）软件平台：采用西门子全集成自动化（TIA）软件平台，遵循工业自动化领域国际标准，可实现与运营层、管理层数据的无缝集成。

从控制系统拓扑图（图6.4）可以看出，标准化单元式空中造楼机同步升降电气控制系统由主站和4个从站组成，每个从站控制1组爬升机组。主站与从站均由主站统一发送指令，实现调配与控制。

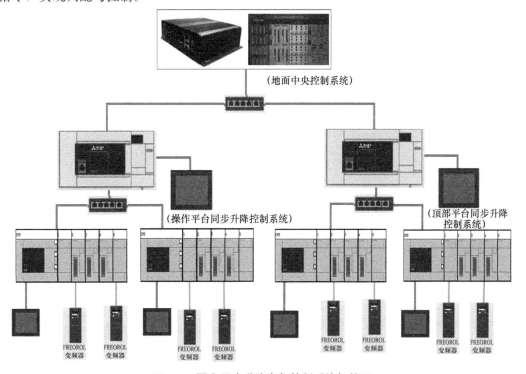

图6.4　平台同步升降电气控制系统拓扑图

智能控制系统具有以下特点：

（1）控制系统采用分组模块化设计，总控与分控之间采用工业以太网、光纤通信技术数据传输，抗干扰能力强；各模块具备扩展功能，便于后续迭代研发与更新换代，降低成本。

（2）各分控制模块独立安装调试，提高开发、使用和维护效率，重复利用率高，综合成本低。

（3）平台同步升降控制系统采用分布式 PLC 组态架构、智能变频 PID 控制算法、电液比例控制等技术，启停平稳、速度可调、同步精度高，确保平台升降安全可控。

（4）采用多传感器冗余技术，增强系统识别危险、故障与外在风险的能力，确保系统安全运行。

（5）垂直供电方式：电缆卷筒，采用磁滞式联轴器为同步差速机构，利用磁力耦合原理保证电缆卷盘收放电缆的速度始终与移动式电气设备同步，确保电力输送安全可靠。

（6）多级、多道用电保护措施，各电控箱增设浪涌保护器，保障系统用电安全。

主站功能包括：

——所有从站同步升降自动控制；

——外围模块的数据接收处理和转换；

——上位机监控系统指令传递给外围模块；

——采集所有从站的运行数据和报警信息，并向从站发送控制指令；

——等时同步模式（IRT）采集同步数据，实现同步数据的有效性；

——汇总并向上位机监控系统上传所有爬升机组的整体运行状态；

——反馈本站控制系统运行状态，与另一个平台控制系统形成互锁。

从站功能包括：

——控制本站爬升机组的运行；

——监控本站爬升机组的液压系统数据与外围数据；

——向主站上传运行数据和报警信息，并执行主站的控制指令。

6.2.1　电液控制系统模型与控制策略

电液控制系统属于泵控式位置闭环控制系统，液压油缸与变量泵体一起组成变量泵，由变频电机控制变量泵，并组成控制回路。其中：电液比例阀控制液压油缸活塞运动，通过高精密拉绳传感器实现液压油缸活塞位置的检测与反馈作用，并形成一个位置闭环回路（图 6.5）。

阀控位置电液控制系统的开环传递函数为：

$$W_{\mathrm{K}}(s) = \frac{K_{\mathrm{V}}}{s\left(\dfrac{s^2}{\omega_n^2} + \dfrac{2\zeta}{\omega_n}s + 1\right)} \tag{6.1}$$

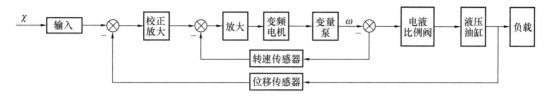

图 6.5 泵控式位置闭环控制系统图

系统的闭环传递函数为：

$$G(s) = \frac{K_a K_Q / A}{s\left(\dfrac{s^2}{\omega_n^2} + \dfrac{2\zeta}{\omega_n}s + 1\right) + K_V} \tag{6.2}$$

对干扰信号的闭环传递函数为：

$$G_f(s) = \frac{Y(s)}{F(s)} = \frac{-\dfrac{1}{A^2}\left(K_m + \dfrac{V_0}{2\beta}s\right)}{s\left(\dfrac{s^2}{\omega_n^2} + \dfrac{2\zeta}{\omega_n}s + 1\right) + K_V} \tag{6.3}$$

式中：K_V 为开环增益（开环速度放大系数），$K_V = K_a K_Q K_H \dfrac{1}{A}$。

K_a 为放大器（包括校正）的放大系数。

K_Q 为电液比例阀的流量增益（流量系数）。

$\dfrac{1}{A}$ 为液压缸的放大系数，是液压缸有效工作面积 A 的倒数。

K_H 为反馈放大系数。

液压系统谐振频率为：

$$\omega_n = \sqrt{\frac{2\beta A^2}{m_0 V_0}} \ (1/s) \tag{6.4}$$

阻尼系数（无量纲）为：

$$\zeta = \frac{\omega_n}{2}\left(\frac{B}{K_0} + \frac{K_m m_0}{A^2}\right) \tag{6.5}$$

液压刚度为：

$$K_0 = \frac{2\beta A^2}{V_0} \tag{6.6}$$

式中：β 为液压油的容积弹性系数。

B 为负载折算到油缸输出轴上的黏性阻力系数。

m_0 为负载折算到油缸输出轴上的质量。

总漏损系数为：

$$K_m = L_m + \frac{L_0 + K_L}{2} \tag{6.7}$$

式中：L_m 为执行元件（液压油缸）的内漏系数。

L_0 为液压系统外漏系数。

K_L 为电液比例阀的流量-压力系数。

V_0 为油缸及相连管路内油液体积的 $\frac{1}{2}$。

阀控位置闭环系统的阻尼系数 ζ 可取 $0.1 \sim 0.15$，其开环幅频特性为 1-3 型，因此存在不稳定问题。

系统稳定的条件为：

$$K_V \leqslant 2\zeta\omega_n \tag{6.8}$$

闭环系统的稳态柔度为：

$$\left.\frac{Y(s)}{F_4(s)}\right|_{s \to 0} = \left(\frac{\Delta y}{F_f}\right) = \frac{-K_m}{A^2 K_V} \tag{6.9}$$

稳态柔度表示系统在受外力干扰的情况下，有一定的位置偏差，也是干扰引起的误差。

在同样外部干扰力的作用下，柔度越大，系统的偏差就越大。从该系统传递函数可知，稳态柔度与油缸工作面积的平方成反比，与系统开环速度放大系数成反比，与漏损系数成正比。一般液压系统的稳态柔度很小，且刚度很大。因此，液压系统干扰误差较小，稳态的定位精度很高。

根据上述电液控制数学模型，结合实际 PLC 控制器的计算机制，制定电气控制策略。

(1) 钢平台主站控制系统执行同步升降动作的控制输入。

(2) 钢平台从站主令机组（机组 1）执行速度可调的匀速运动控制。

(3) 其他从站机组先执行泵控式转速负反馈闭环控制。

(4) 待系统稳定后再执行阀控式位置闭环控制，精确调整同步精度。

(5) 实时采集各顶升油缸的压力信息及外部环境系统。

(6) 若触发报警，则系统响应预警机制：检测各爬升机组的高度差，若超过最大允许范围，系统强制急停；检测顶升压力值，若出现载荷分配不均匀，超出设计范围的 $\pm 15\%$ 时，系统强制急停，并发出报警信息。

(7) 手动、检修工况：出现故障时，在手动模式下，允许单个爬升机组运行。

在所有爬升机组同步升降运动过程中，同时实时检测所有油缸压力并计算载荷，判断整个系统是否处于安全状态。不管系统处于哪种工作模式，运动数据都将传递至主站并在上位机实时显示。整个运动过程中，同步作为控制核心，采用协同控制方式，以保证每组爬升机组在运动过程中的实时同步性。

主站同步升降控制流程如图 6.6 所示，主令机组同步升降主运动控制流程如图 6.7 所示，从站机组同步升降前置校正闭环控制（同步升降 PID 算法）如图 6.8 所示。

在图 6.6~图 6.8 中：

L 为主控长度传感器的长度值；

L' 为从站长度传感器的长度值；

$L_{\max}$ 是同步升降允许调节的最大误差；

$\delta_{\min}$ 为死区值，液压系统无法调节；

$\Delta L =$ ABS $(L-L')$ 为主令站点长度传感器与其他从站长度传感器的绝对差值；

Lgoal 为目标升降距离。

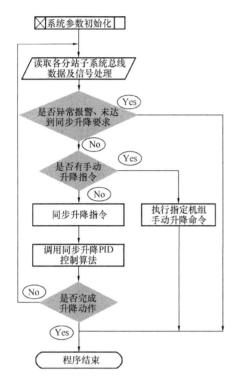

图6.6 主站同步升降控制流程图

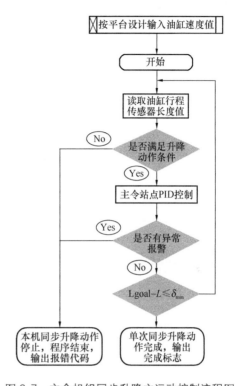

图6.7 主令机组同步升降主运动控制流程图

当要求平台顶升 3.5 个层高时，执行如图 6.9 所示的同步顶升控制系统流程。

当要求平台下降 2.5 个层高时，执行如图 6.10 所示的同步下降控制系统流程。

在图 6.9、图 6.10 中：

（1）上下爬架的最小允许间距：400mm。

（2）踏步允许间距（d）：400mm。

（3）油缸行程（Full_L）：0.5 个层高。

（4）距离检测：拉绳传感器，允许误差范围 5mm。

（5）踏步锁定：接近开关得电，踏步油缸得电。

（6）油缸顶升：活塞杆推动上爬架向上运动。

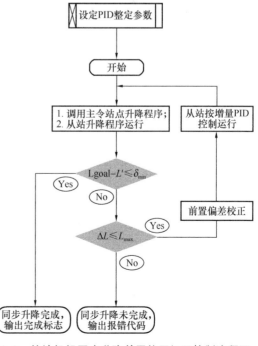

图6.8 从站机组同步升降前置校正闭环控制流程图

83

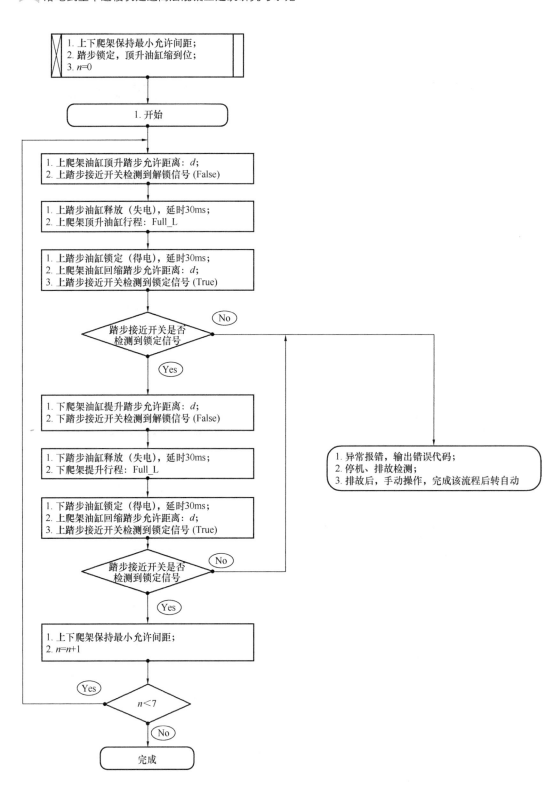

图 6.9 同步顶升（3.5 个层高）控制系统流程图

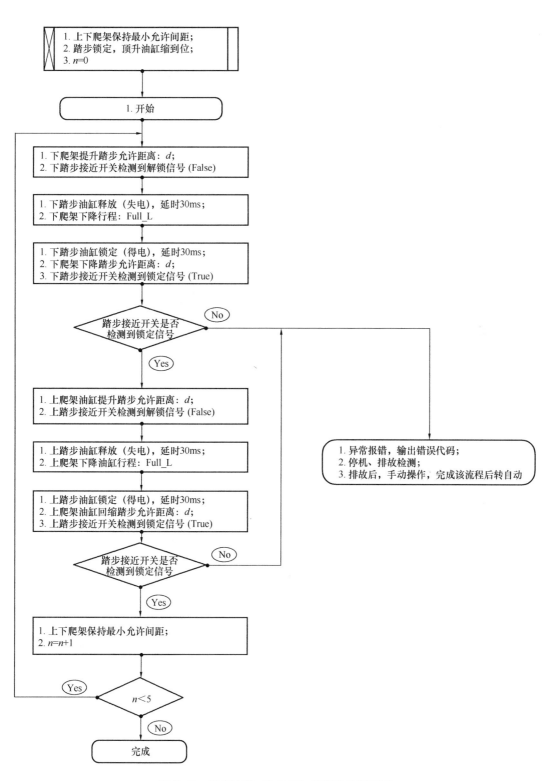

图 6.10 同步下降（2.5层）控制系统流程图

（7）油缸提升：缸套提升下爬架向上运动。

（8）运行中踏步接近开关没检测到锁定信号时，需暂停，检测故障原因。

（9）液压油缸受力状态，踏步接近开关解锁，则对应的 fPressure_Flag 置 True，反之则置 False。

当液压油缸处于顶升/提升状态时，每个液压油缸的顶升力约为平台系统总重量的 1/8。根据平台系统重量判定每个油缸顶升力处于合理状态。控制系统实时监控液压油缸的压力情况，当不满足合理顶升力状态时，则发出报警提示，爬架停止运行。

钢平台同步升降系统电气安全保护功能见表 6.1。

钢平台同步升降系统电气安全保护功能一览表　　　　表 6.1

序号	电气安全保护功能	功能描述
1	急停	按急停键，控制系统应在小于 1s 内停止运行
2	风速停止	风速大于 8 级风，且超过 5s，控制系统应在小于 1s 内停止运行
3	系统压力过大	abs（整体计算压力－实际压力）/实际压力＞15％，且超过 1s，控制系统应在小于 1s 内停止运行
4	未检测到踏步到位信号	升降运动时，接近开关未检测到踏步支撑油缸的锁定信号，控制系统应在小于 1s 内停止运行
5	附属设备是否处于锁定状态	执行升降动作时，未检测到附属设备处于安全锁定状态，控制系统禁止平台同步升降，并发出报警
6	同步误差大于 10mm	同步误差大于 10mm 时，禁止同步自动升降功能，可以手动操作
7	电气故障状态	PLC 控制器故障状态、传感器故障状态等禁止启用同步升降运动
8	三相电源状态	电源电压波动超过额定值的±10％，三相电源断相，电机过载过热等，通过电器元件防护禁止启用同步升降
9	报警	遇到上述 1、2、3、4、5、6、7 问题，系统触发声光报警功能

6.2.2　控制系统人机交互

平台同步升降系统人机交互界面采用超高分辨率真彩电容触摸大屏。该显示屏机身紧凑、接口丰富，人机交互界面友好，支撑日志数据备份，支持丰富的引用创建功能。同时，可实现画面的多语言切换并可以通过以太网实现远程操控。人工交互功能包括（图 6.11）：

（1）在系统无报错的前提下，使用组合键（F1 键）＋顶升键（F2 键）执行同步顶升动作。

（2）使用组合键（F1 键）＋下降键（F3 键）执行同步下降动作。

（3）在同步运动过程中，显示界面实时显示平台各顶升油缸压力状态、踏步油缸的位置状态、同步高度以及油泵电机的转速、活动钢平台的水平位置状态。

（4）显示界面顶部状态栏实时显示报警代码、动作执行状态、系统通信状态以及平台顶部风速等。

（5）系统每隔 1s，记录 1 次同步数据。数据不仅在本地控制器保存，而且通过以太网传输备份在地面中央控制器的数据存储器中，可以在地面上位机上实时动态生成数据信息图，利用 5G 互联网技术远程监控空中造楼机的整个建造数据模型。

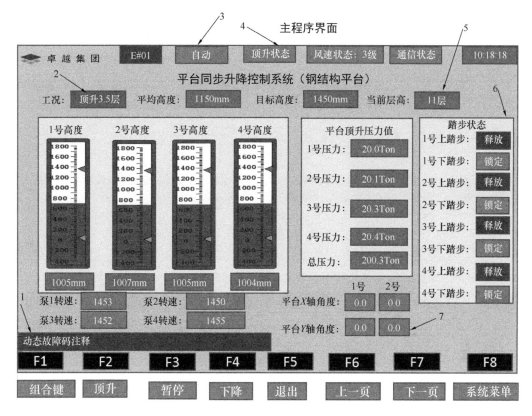

图 6.11 同步升降系统触摸屏—主界面显示

图 6.11 中：

（1）动态故障码：

无报警时，绿色显示工况，及泵的转速，风速、风向；

有报警时，红色显示报警代码及故障具体内容。

（2）工况：共分四个工况，包括顶升 3.5 层、下降 2.5 层、顶升 1 层，下降 1 层。

（3）控制方式：自动、手动。

（4）运动状态：顶升状态、下降状态、锁定状态。

（5）当前层高：操作平台所在的层数。

（6）踏步状态：上爬架和下爬架各 4 个检测接近开关的状态。

（7）平台 XY 轴角度：平台的双轴水平角度，误差范围控制在 3℃ 范围内，角度的绝对误差控制在 5 ℃范围内，暂时只提示报警，不进行动作控制。

在操作过程中，可随时进行历史信息查询（图 6.12）。历史信息从同步升降起始运动触发记录，每隔 1s，记录一次数据，直到同步升降结束，记录结束时间。控制器至少保存 4000 条记录，断电数据不会丢失。可生成 csv 文件并通过 U 盘导出。

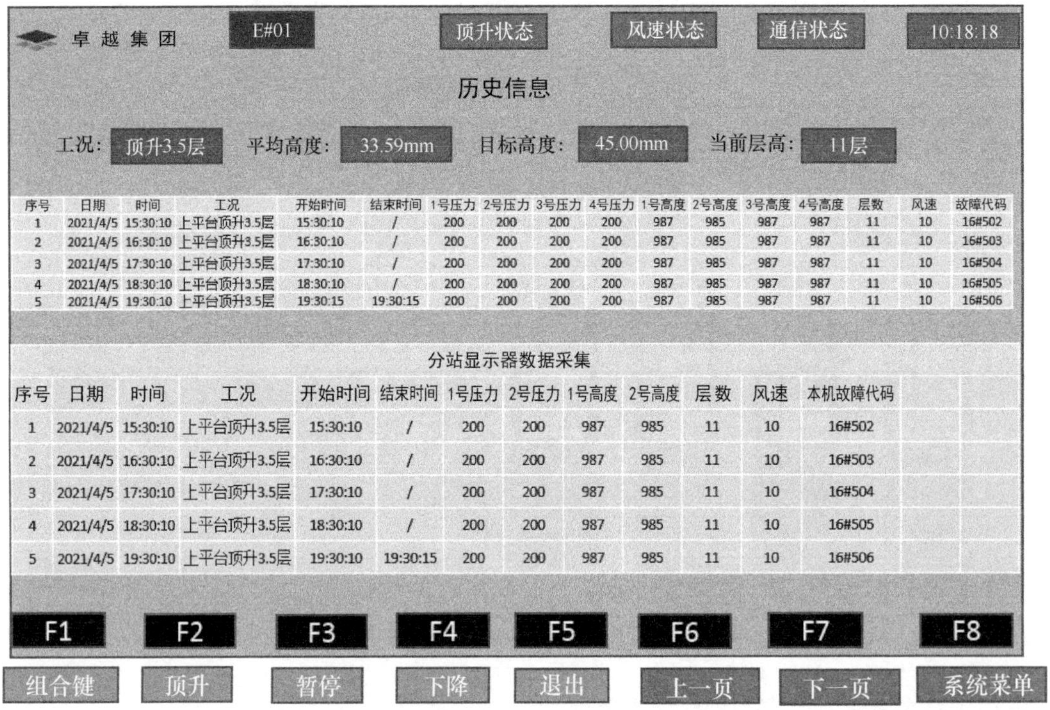

图 6.12　同步升降系统触摸屏—历史信息查询

6.3　信息化管理与综合智能控制

落地式空中造楼机是一座可移动造楼工厂，它从低往高，一层一层地把整座楼房"打印"出来，无论是墙壁还是楼面。

落地式空中造楼机智能控制与监控系统（i-SCADA，Intelligent Supervisory Control And Data Acquisition）（图 6.13）是一套实现空中造楼机自动检测、控制与运行的数据采集与监视控制平台。系统采用标准化、模块化设计，主要包括：（1）底层数据采集模块与自动控制模块；（2）图像监视与处理模块；（3）可视化显示模块；（4）安全监控模块；（5）数据分析、统计模块；（6）故障预测、诊断模块；（7）远程监控管理及远程维护模块。

智能控制与监控系统具有以下特点：

（1）现场级控制系统采用分布式 IO 控制器，通过系统总线性能的高速化，大幅度提

升系统总体性能。

（2）地面中央控制系统与高空平台控制系统采用工业以太网/光纤通信，工业级设计，能适应恶劣的现场环境，大幅度提升了大数据容量通信的实时交互的可靠性与准确性。

（3）中央控制系统通过计算机应用技术、虚拟调试技术、云平台开发技术、设备与信息安全管理、智能控制系统满足持续迭代研发智能化建造的需求。

（4）网络视频监控系统全时段连续监控空中造楼机自动化建造过程，保障安全生产。

（5）地面中央控制系统具备监控、调度所有设备电气信息的功能，如顶部钢平台和操作平台同步顶升作业、模板自动开合、双梁行车智能操控等。具备生成故障信息功能和动态生成各类分析图标的功能。

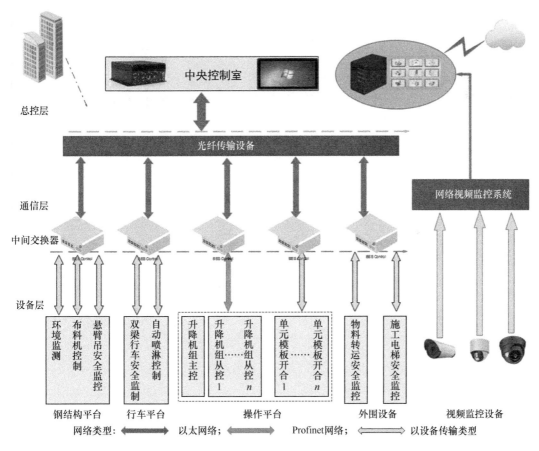

图 6.13　空中造楼机智能控制与监控系统（i-SCADA）整体架构图

地面中央控制系统通过光纤传输方式与平台同步升降控制系统、整体模板开合控制系统进行数据交换，采集各控制系统的控制信息数据，并支持远程操控。图 6.14 示意了地面中央控制系统平台同步升降控制的工作界面。

通过收集并监控外部环境信息（如当前环境温度、湿度，风速风向），综合判断各控制系统是否具备运动条件，并监控当前的运动状态。

通过相应接口下发相关命令。在调试时，可对每个爬升降机组进行单独升降运动及相关动作控制。

地面中央控制系统还将采集空中造楼机辅助机械设备的运动信息及各设备的运行状态。

地面中央控制系统还与网络视频监控系统实现数据交互，可远程监控各设备的运行状态。

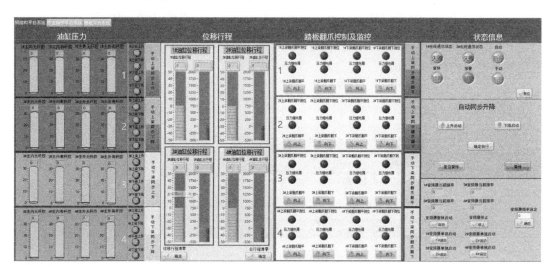

图 6.14　地面中央控制系统平台同步升降控制工作界面

钢平台系统结构安全研究与试验

本章根据空中造楼机在升降和运行过程中可能遭遇的主要不利工况，确定平台系统安全性能指标和控制参数。按照第 8 章示范工程采用的单元式标准造楼机规格，在 SAP2000、NIDA 等程序模型中实现结构信息的输入和表现，对平台系统的安装和拆卸开展虚拟仿真，并综合评估空中造楼机承载能力和安全性能。

7.1 钢平台系统计算机模拟分析

7.1.1 技术标准

钢平台系统结构安全分析与试验研究依据的主要技术标准包括：
(1)《建筑结构可靠性设计统一标准》GB 50068—2018
(2)《钢结构设计标准》GB 50017—2017
(3)《高层民用建筑钢结构技术规程》JGJ 99—2015
(4)《建筑结构荷载规范》GB 50009—2012
(5)《建筑施工脚手架安全技术统一标准》GB 51210—2016
(6)《升降工作平台导架爬升式工作平台》GB/T 27547—2011
(7)《空中造楼机施工操作手册》（内部资料）

7.1.2 结构材料

钢平台系统主要结构材料均采用 Q355B。

7.1.3 荷载取值

恒荷载：包括钢平台主体结构构件自重（根据构件尺寸由程序自动计算）和表 7.1 所示的设备设施及过渡连接机构的自重。

活荷载：主要为操作平台上的活荷载。依据《建筑结构荷载规范》GB 50009—2012 中第 5.2.2 条的规定，考虑了操作人员、一般工具、零星原料和成品的自重。不同施工状态下的活荷载取值如下：

空中造楼机设备设施及过渡连接机构自重　　　　　　　　表 7.1

设备设施	悬臂吊	双梁行车	内外模板	过渡连接机构
数量	2 台	1 台	1 套	—
自重	120kN/台	220 kN/台	510kN	80kN

（1）钢平台系统处于升降状态时，取 $0.5kN/m^2$。

（2）钢平台系统处于正常施工状态时，取 $2.0kN/m^2$。

（3）钢平台系统处于非施工状态时，取 0。

（4）设备载重量见表 7.2。

空中造楼机设备设施载重量（kN/台）　　　　　　　　表 7.2

设备设施	悬臂吊	双梁行车
载重	30	80＋80

风荷载：取值按下列规则。

（1）平台顶部风速 V_Z：

钢平台顶部风速 V_Z 除按钢平台顶部安装的风速仪进行实时测量外，尚应根据当地气象预报给出的风力等级（风速 V_{10}）按式（7.1）进行计算：

$$V_Z = V_{10}\left(\frac{Z}{10}\right)^{0.15} \tag{7.1}$$

式中：V_{10} 为当地气象预报提供的距地面 10m 高处的风速（m/s）；

Z 为顶部钢平台顶面距地面的高度（m）。

（2）地面粗糙度类别：B 类。

（3）基本风压 W_0：

基本风压 W_0（kN/m^2）可按式（7.2）计算，风压高度变化系数取 1.0。

$$W_0 = \frac{V_Z^2}{1600} \tag{7.2}$$

（4）体型系数 μ_s，采用了两种取值方法。

一是按照《建筑结构荷载规范》GB 50009—2012 表 8.3.1 项次 35 "塔架"考虑，对单榀桁架，按照项次 33 "a"考虑，对顺风向设置的多道迎风桁架，按照项次 33 "b：n 榀平行桁架整体体型系数"考虑。

二是按双榀桁架计算，体型系数取 1.3，同时考虑挡风系数。

7.1.4　钢平台系统工作状态与荷载工况

根据《空中造楼机施工操作手册》，钢平台系统在工作过程中处于 4 种状态：（1）整体升降状态；（2）正常施工状态；（3）非施工状态（台风避险状态）；（4）顶部钢平台回落 2.5 层至楼面状态。

根据空中造楼机平台顶部实测风速 V_z 确定工作状态，并根据不同的工作状态采取相应的安全保护措施。

在上述各种状态下，载荷包括恒荷载、活荷载和风荷载，不考虑地震效应。

(1) 钢平台系统处于整体升降状态

当实测风速 V_z 不超过 13.8m/s，即风力等级不超过 6 级时，钢平台系统可进行升降操作，超过此风速时，不得进行升降操作。

在结构强度和稳定验算时，风力等级按 8 级（V_z＝20.7m/s）计算，操作平台上的活荷载按 0.5kN/m² 计算。按《空中造楼机施工操作手册》的要求，各平台上的设备设施应处于空载状态且停放于规定位置。计算时应考虑荷载动力效应，动力系数取 1.1。

荷载组合：
$$\gamma_G D + \gamma_Q L \pm \gamma_w W_k \tag{7.3}$$

式中：D 为恒载，考虑动力效应时，应乘以动力系数；

L 为活荷载，考虑动力效应时，应乘以动力系数；

W_k 为风荷载标准值，应考虑风振系数；

γ_G 为恒载分项系数，取 1.3；

γ_Q 为活荷载分项系数，取 1.5；

γ_w 为风荷载分项系数，取 1.5。

(2) 钢平台系统处于正常施工状态

当实测风速 V_z 不超过 20.7m/s，即风力等级不超过 8 级时，钢平台系统可进行正常施工。

在结构强度和稳定验算时，风力等级按 10 级（V_z＝28.4m/s）计算，操作平台上的活荷载按 2.0kN/m² 计算。各平台上的设备设施按满载考虑，并根据其行走范围考虑其最不利分布。双梁行车、悬臂吊应按其载重考虑动力效应，上平台应考虑模板升降时的动力效应，动力系数取 1.1。

荷载组合：
$$\gamma_G D + \gamma_Q L \pm \gamma_w W_k \tag{7.4}$$

(3) 钢平台系统处于台风避险状态

当实测或预报风速 28.4m/s＜V_z≤46.1m/s，即风力等级超过 10 级，但不超过 14 级时，钢平台系统处于台风避险状态，应停止一切正常施工作业。

按《空中造楼机施工操作手册》要求，平台上的设备设施应处于空载状态且停置于规定位置，上平台回落 2.5 层，模板系统落至楼面并可靠地与主体结构连接。

在结构强度与稳定验算时，风力等级按 14 级（V_z＝46.1m/s）计，不考虑操作平台上的活荷载，也不考虑动力效应。

荷载组合：

$$\gamma_d D \pm \gamma_w W_k \tag{7.5}$$

当计算风速 $V_z>46.1\mathrm{m/s}$，即计算风力等级超过 14 级时，应采用更加严厉的附加防护措施。如：上平台与主体结构采取可靠的拉接或其他有效措施。

7.1.5　计算模型及其假定

计算模型（图 7.1）包括升降系统（升降柱、爬升套架）、平台系统（上平台、行车平台和操作平台）和附墙支撑系统。平台上的设备设施（如：悬臂吊、双梁行车、模板系统和安全围护设施等）均作为荷载作用于相应的结构构件或节点上。

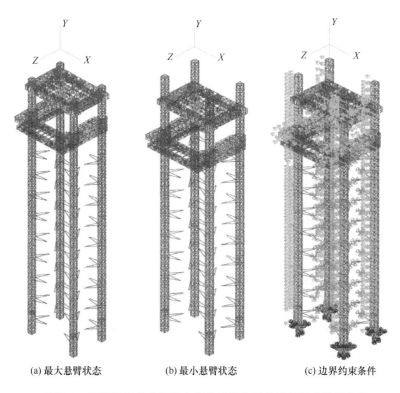

(a) 最大悬臂状态　　　(b) 最小悬臂状态　　　(c) 边界约束条件

图 7.1　不同运行状态下的空中造楼机分析模型及约束边界条件

（1）模拟单元

升降系统、平台系统和附墙支撑系统中的结构杆件采用梁单元模拟。

（2）杆件连接假定

① 计算结构杆件轴力时，采用节点铰接假定；

② 升降柱标准节之间的连接为铰接；

③ 平台桁架上、下弦杆与升降柱（爬升架）之间的连接为铰接；

④ 附墙支撑的两端采用铰接；

⑤ 升降柱底部支座采用铰接。

7.1.6 计算结果与主要结论

为便于比较，2.0版空中造楼机整体结构计算由多家单位采用不同软件独立进行。采用的软件包括SAP2000、NIDA、ABAQUS。获得的主要结论包括：

（1）空中造楼机钢平台系统具有可靠的荷载传递机制，在升降状态、正常施工状态和台风避险状态下，主体结构强度、变形和整体稳定性均满足规范、操作手册或施工控制的要求。

（2）附墙支撑和附墙节点承载力满足要求。

（3）在正常施工状态下，双梁行车满载且置于行车平台悬臂段时，悬臂段的上、下弦杆（材料为H125×125×6.5×9）应力比均大于1.0，为弯矩控制。

（4）个别贝雷片斜腹杆（材料为L75×7，杆件长度约为1.97m）长细比超限。

（5）不同计算模型间的主要差异为：

① 风振系数取值采用定值1.68和程序自动计算两种方式。

② 风荷载施加采用人工计算后按线荷载施加于结构杆件和按虚面单元面荷载施加于结构两种方式。

③ 台风避险状态下考虑了采取钢平台与建筑结构主体相连接和不采取措施两种情况。

④ 附墙支撑的附墙节点采用分开节点（按示范工程，间距≤300mm）和合并节点两种形式。

⑤ 升降柱与爬升架之间"配合"的非线性分析中，采取摩擦系数和"仅压不拉"单元两种方法。

7.2 关键部件安全研究与系统调试

对钢平台系统关键受力部件进行了实体模型有限元分析和试验研究，为关键部件标准化定型、生产制造和质量控制提供了依据。

7.2.1 关键部件实体有限元分析

1. 标准节

（1）底部标准节

标准节（图7.2）需要承受钢平台系统的全部重量，并将其可靠传递到基础上，因此对标准节的强度和刚度具有明确的要求。显然，位于底部的标准节成为最薄弱的位置。

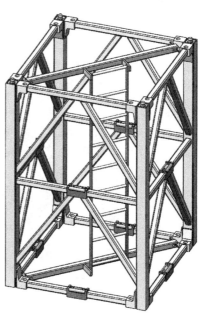

图7.2 标准节三维实体模型

标准节主要由四根主承载柱传递载荷。以示范建造用单元式标准造楼机为例（图7.3），主承载柱应力全部在100MPa以下。当建造高度达到最高高度即盖好28层楼时，每根升降柱的底部标准节高度被压缩约0.85mm。

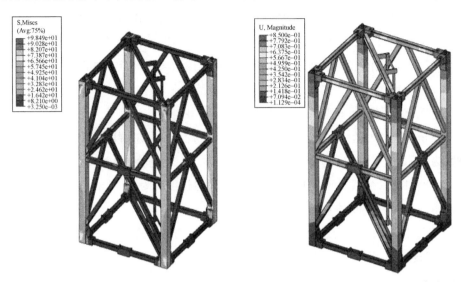

图7.3　升降柱底部标准节的应力与位移云图

（2）标准节与爬升架的连接部位

标准节与爬升架的连接部分，由标准节的踏步块及斜杆受力，支撑爬升架。从受力平衡过程和安全角度，按照三点受力计算（图7.4），最大Mises应力约为105MPa，踏步块处位移最大，约为0.65mm。

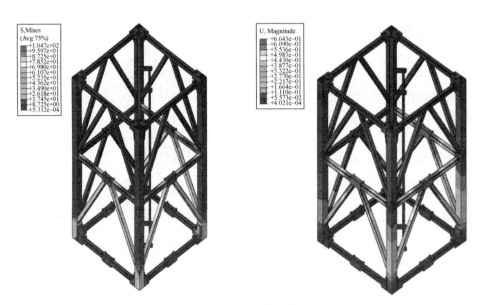

图7.4　三点受力时踏步块及斜支杆的应力与位移云图

2. 爬升架

爬升架挂载各层钢平台并将力传递到升降柱上。爬升架分为上下两部分，承受中间升降液压缸的顶升力，需要在刚度和强度上满足设计要求。

静载状态下，各层平台都无相对运动，只承受挂载部件载荷及自重，爬升架的应力和位移云图如图 7.5 所示。

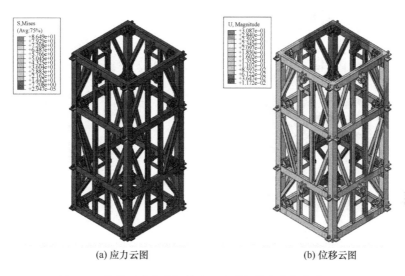

(a) 应力云图　　　　　　　　　(b) 位移云图

图 7.5　静载（非爬升）状态下爬升架的应力与位移云图

爬升状态下，除承受各层平台的载荷外，还要承受液压缸顶升带来的动载。由于受到运行阻力的影响，按液压缸达到满载时的受力工况（液压缸满载时顶升力远超挂载的平台重力）计算。此时，爬升架最大 Mises 应力达到了 324MPa，踏步的竖向位移也达到了 2mm，如图 7.6 所示。

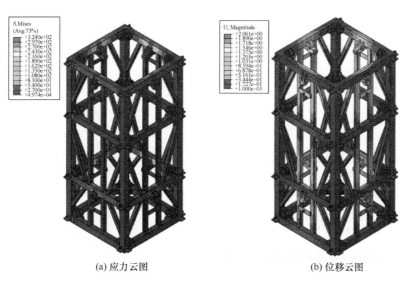

(a) 应力云图　　　　　　　　　(b) 位移云图

图 7.6　液压缸满载（爬升）状态下爬升架的应力与位移云图

不过高于100MPa的Mises应力的区域很小，如图7.7所示。主要集中在踏步支撑的根部，属于应力集中。第一主应力最高值为245MPa，高拉应力区域也比较集中。制造时通过局部加强来降低第一主应力，避免疲劳破坏。

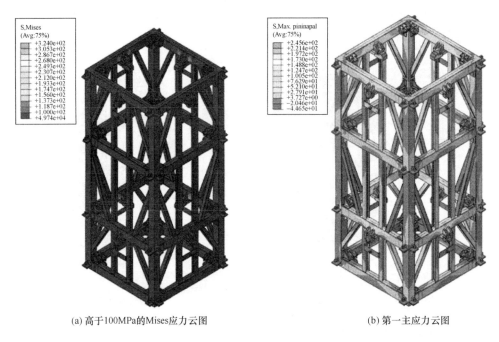

(a) 高于100MPa的Mises应力云图

(b) 第一主应力云图

图7.7　液压缸满载（爬升）状态下爬升架Mises应力和第一主应力云图

3. 踏步

踏步为荷载传递中的重要受力部件，包括踏步板、踏步轴和踏步支撑（图7.8）。采用接触非线性分析，摩擦系数取0.2。载荷取满载，极限工况为4个踏步中有3个处于受载情形。

从分析结果看（图7.9），踏步板与踏步支撑接触的尖角处、支撑与爬升架横杆连接

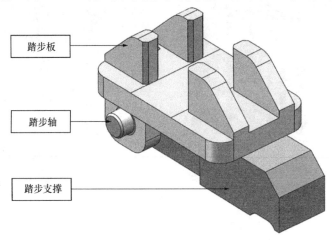

图7.8　踏步三维实体模型

的区域有局部的应力集中，导致局部应力较高；整体绝大部分应力都低于100MPa。

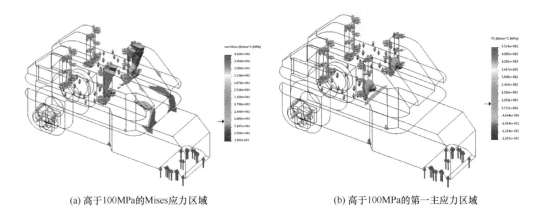

(a) 高于100MPa的Mises应力区域　　　　　(b) 高于100MPa的第一主应力区域

图7.9　踏步应力云图

4. 导向轮支座

导向轮是爬升架上的重要导向部件，承受较大的偏载力。爬升架导向轮三维实体模型及轮支座的应力如图7.10所示，满足设计要求。

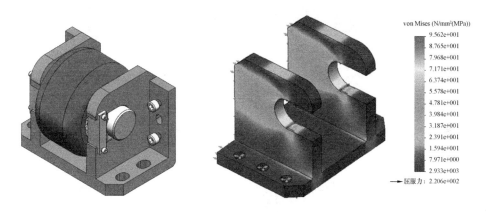

图7.10　爬升架导向轮三维实体模型及轮支座的应力云图

7.2.2　爬升架及标准节设计优化

1.0版落地顶升式空中造楼机升降柱标准节主杆采用方钢管形式（图7.11），在爬升架导向轮作用下，需增加加劲板，制造难度较大。

2.0版落地爬升式空中造楼机升降腿设计源自塔式起重机，并改为顶部加减标准节。采用类似塔式起重机的标准节时，主杆采用角钢拼焊并设置加强劲板（图7.12），降低了制造难度。

由于爬升架主杆受到侧向导向轮引起的偏载力较大，需采用双加劲板支撑，以提高升降柱主杆侧向刚度，确保在轮压下不发生塑性变形（图7.13）。

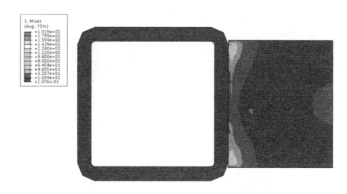

图 7.11   方钢管应力云图（爬升架导向轮压下）

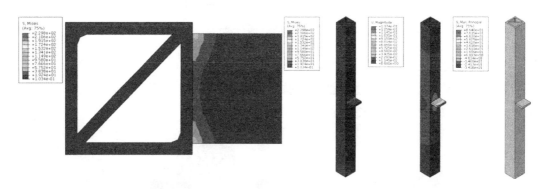

图 7.12   角钢拼焊单钢板加劲结构应力云图（爬升架导向轮压下）

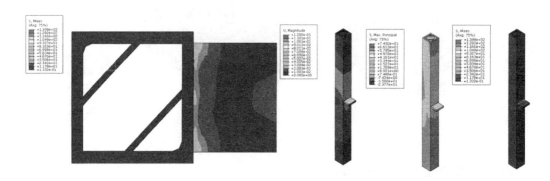

图 7.13   角钢拼焊双钢板加劲结构应力云图（爬升架导向轮压下）

7.2.3   关键部件试验研究

根据空中造楼机制造与试验要求，空中造楼机关键部件试验研究主要包括 9 项内容：

（1）爬升架翻爪 25t 压应力试验。

（2）附墙支撑连接压力试验。

（3）附墙支撑拉杆压应力试验。

（4）附墙支撑拉杆预埋件压应力试验。

（5）外模电动推杆试验。

（6）内模开合模浇筑试验。

（7）内模角模、平模多连杆试验。

（8）内模密封试验。

（9）升降柱标准节加压试验。

（10）升降柱局部稳定性试验。

空中造楼机关键部件试验研究内容和主要结果见表 7.3，达到了研究预期和示范项目设计要求。

空中造楼机关键部件试验内容与主要结果　　　　　　　表 7.3

序号	试验项目	试验依据、条件及要求	试验过程和试验数据记录
1	爬升架翻爪 25t 压应力试验	检测翻爪在 25t 载荷条件下的应力、变形情况	使用直径 160mm 油缸液压系统对翻爪进行压力测试： 压力 9MPa，承载力 18t，无变形； 压力 11MPa，承载力 22t，无变形； 压力 13MPa，承载力 26t，无变形
2	附墙支撑连接压力试验	检测附墙支撑连接部分在极限载荷条件下的状态	使用直径 120mm 油缸液压系统对附墙装置进行压力测试，保压时长 30min： 压力 20MPa，承载力 22t，无变形； 压力 22MPa，承载力 25t，无变形； 压力 25MPa，承载力 28t，无变形
3	附墙支撑拉杆压应力试验	检测附墙拉杆在额定载荷条件下的应力、变形情况	使用直径 120mm 油缸液压系统对附墙拉杆进行压力测试，保压时长 30min： 压力 20MPa，承载力 22t，无变形； 压力 22MPa，承载力 25t，无变形； 压力 25MPa，承载力 28t，无变形
4	附墙支撑拉杆预埋件压应力试验	检测附墙预埋件在外部加载条件下极限承载能力	使用直径 370mm 油缸液压系统对标准节踏步进行压力测试： 压力 16MPa，承载力 171t，无变形； 压力 20MPa，承载力 214t，变形量 0.3mm； 压力 22MPa，承载力 236t，变形量 0.5mm； 压力 25MPa，承载力 268t，变形量 0.8mm
5	外模电动推杆试验	检测电动推杆运行的稳定性和可靠性	电动推杆重复试验 50 次，外模能够正常开合，电机无发热，无异常
6	内模开合模浇筑试验	试验浇筑混凝土，检验内模开合是否正常	（1）内模板系统合模浇筑混凝土时，内模无异常变形，内模之间无明显变形，无漏浆； （2）混凝土强度达到 70％ 时，开模无卡顿，无异常，墙面无损伤
7	内模角模、平模多连杆试验	检验角模、平模连杆的作用，能否开合到位	重复 50 次开合试验，角模、平模无异常，角模、平模之间无错位，无异常变化

序号	试验项目	试验依据、条件及要求	试验过程和试验数据记录
8	内模密封试验	检验内模密封胶条的密封性能	在长达 10d 的室外高温及雨淋的条件下带载荷工作，胶条弹性与回弹性依旧良好，未发现漏沙、漏浆现象
9	升降柱标准节加压试验	检验标准节在额定载荷条件下整体连接性能和承载能力	使用液压系统对标准节进行加压测试，标准节无变形，标准节之间无缝隙，主杆的销和孔无变化
10	升降柱局部稳定性试验	针对升降柱弦杆局部受力性能开展侧向静力承压试验，验证其在各种不利条件下的稳定性和安全性	（1）在侧向静力承压试验过程中，升降柱弦杆具有稳定可靠的力学性能和局部稳定性，未发生塑性破坏和局部损伤现象，上下翼缘板始终保持完好。构造措施满足实际弦杆承压需求和全工况弹性工作设计原则。 （2）弦杆在导向轮侧向压力作用下，挠曲线光滑对称，接近理论挠曲线，表现出良好的抗弯性能。卸载后基本无残余变形，充分发挥了箱型截面高承载力特点。构件有着稳定的弹性刚度，各测点应变呈线性增加，未超过屈服应变，反复加载后应变曲线基本一致，基本没有残余应变，具有足够的承载力安全储备

测试结论有格构型升降柱局部稳定性试验报告（东南大学）、附墙节点预埋件及混凝土受力测试试验报告、标准节额定承载力 100t 和单踏步 60t 超载加压试验报告、内外模板总成部件开合模与浇筑试验报告。

7.2.4 钢平台系统调试

空中造楼机钢平台系统调试研究主要包括以下内容：

（1）顶部钢平台同步系统调试。

（2）操作平台同步系统调试。

（3）顶部钢平台堆载 100t 同步系统调试。

（4）顶部钢平台堆载 100t 保压性能试验。

（5）升降柱 100t 加压试验。

空中造楼机钢平台系统调试内容与主要结果见表 7.4，达到了研究预期和示范项目设计要求。

空中造楼机钢平台系统调试内容与主要结果 表 7.4

序号	试验项目	试验依据、条件及要求	试验过程和试验数据记录
1	顶部钢平台同步系统调试	（1）空载状态下同步控制偏差不超过 5mm； （2）空载同步升降速度为 200～300mm/min，动作平顺无卡滞； （3）记录动作过程时间、压力、油温等参数	（1）空载状态同步上升下降 20 次，各个支点之间同步最大偏差≤3mm； （2）空载同步升降各支点同步过程中无卡顿，升降速度为 260mm/min； （3）重复钢平台同步上升下降试验，升降一个踏步 1450mm 高度平均用时 15min，上腔提升压 12～13MPa，下腔提升压 5～7MPa，油温 25～30℃

序号	试验项目	试验依据、条件及要求	试验过程和试验数据记录
2	操作平台同步系统调试	（1）空载状态下同步控制偏差不超过5mm； （2）空载同步升降速度为200～300mm/min，动作平顺无卡滞； （3）记录动作过程时间、压力、油温等参数	（1）空载状态同步上升下降20次，各个支点之间同步最大偏差≤3mm； （2）空载同步升降各支点同步过程中无卡顿，升降速度为260mm/min； （3）重复操作平台同步上升下降试验，升降一个踏步1450mm高度平均用时15min，上腔提升压5～7MPa，下腔提升压11.5～13MPa，油温25～30℃
3	顶部钢平台堆载100t同步系统调试	（1）加载状态下反复进行升降动作，检测控制系统稳定性，记录数据； （2）升、降1450mm高度用时	（1）100t试验载荷平均堆放在钢平台顶部桁架，对钢平台同步上升下降进行测试，各支点无卡顿、液压系统无异常、检测出各支点同步误差值3～5mm； （2）升降一个踏步1450mm高度平均升降用时15min，上腔提升压5～7MPa，下腔提升压18～19MPa
4	顶部钢平台堆载100t保压性能试验	（1）检测液压系统稳定性、液压锁安全性； （2）液压泵最大工作压力、平衡阀设定25MPa、油温不能超过65℃； （3）检测控制系统故障显示与报警功能，压力监测、行程显示功能正常	（1）100t试验载荷平均堆放在钢平台顶部桁架，对钢平台同步上升下降中途进行保压试验，液压系统无泄漏，系统压力无异常变化，液压锁正常运行； （2）液压系统设置最大工作压力25MPa，实际100t堆载后压力为19MPa，液压系统温度30℃； （3）系统压力超出设定工作压力时，控制系统自动报警，各支点压力、位移、故障实时监测正常
5	升降柱100t加压试验	（1）检测升降柱单根柱在100t载荷下的变形情况、稳定性情况； （2）记录加载数据、保压条件下变形检测数据	使用直径370mm油缸液压系统对标准节踏步进行压力测试，保压时长30min： 压力10MPa，承载力107t，无变形； 压力12MPa，承载力128t，变形0.6mm； 压力14MPa，承载力150t，变形0.8mm

测试结论有顶部钢平台系统同步升降测试与试验报表、操作平台同步升降测试与试验报告、模架系统同步升降整体联动测试与试验报告、模架系统整体浇筑测试与试验报告，以及关键部件试验与系统调试检验报表（盖章版）。

7.3 空中造楼机承载力研究与检测

7.3.1 标准化计算模型研究

升降柱的高度因建筑高度的不同而不同，因为附墙支撑的存在，理论上可以判断第一道附墙支撑以下部分受风荷载影响较小；由于不同运行工况均以顶部钢平台顶面的风速为控制条件，因此计算模型存在标准化的可能性，而不受建筑物高度影响，从而提高了模拟计算的效率。

对于不同高度（层数）的建筑，可以通过在第一道附墙支撑下的升降柱节点处施加重力荷载，来模拟增加的标准节重量。

以正常施工状态为例（风荷载按10级风计算），将保留顶部三道附墙支撑的计算模型称为标准化模型（图7.14），与实际模型进行分析比较。

1. 模态周期、振型、分析用时对比

从表7.5中可以看出，实际模型和标准化模型的计算周期十分接近，模态周期 T_1（X）、T_2（Y）和 T_t（扭转）的差异分别为1%、5.1%和2.1%，振型基本一致。

对于空中造楼机钢平台系统而言，周期的差异主要表现在对风振系数计算的影响上，因此，可以认为这种差异对风振系数是没有影响的。另一方面，由于空中造楼机钢平台系统不需要考虑地震作用效益，这种差异也是完全可以接受的。

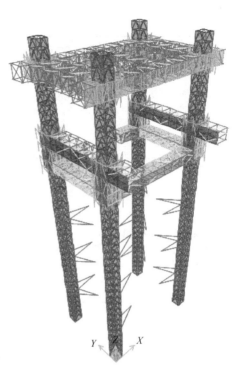

图7.14 落地爬升式空中造楼机标准化模型

空中造楼机实际模型与标准化模型的模态及振型对比　　　　表7.5

模态周期（s）	T_1（X）	T_2（Y）	T_t（扭转）
实际模型	1.5569	1.2741	1.0409
标准化模型	1.5413	1.2119	1.0194
实际/标准	1.010	1.051	1.021

2. 第一道附墙支撑最大节点反力

标准化模型第一道附墙支撑 X、Y 向最大节点反力分别如图7.15和图7.16所示。

第一道附墙支撑节点编号如图7.17所示。由表7.6可知，附墙支撑主控方向的节点反力，实际模型和标准化模型相比不超过4%。

空中造楼机第一道附墙支撑节点反力对比　　　　表7.6

节点编号		①	②	③	④	⑤	⑥	⑦	⑧
X 向节点反力	实际模型	149.5	249.6	—	—	—	—	219.9	242.4
（kN）	标准化模型	146.3	240.2	—	—	—	—	212.8	242.1
实际/标准		1.02	1.04	—	—	—	—	1.03	1.00

节点编号		①	②	③	④	⑤	⑥	⑦	⑧
Y向节点反力 (kN)	实际模型	—	—	152.3	150.9	173.9	172.1	—	—
	标准化模型	—	—	155.5	155.3	178.9	174.5	—	—
实际/标准		—	—	0.98	0.97	0.97	0.99	—	—

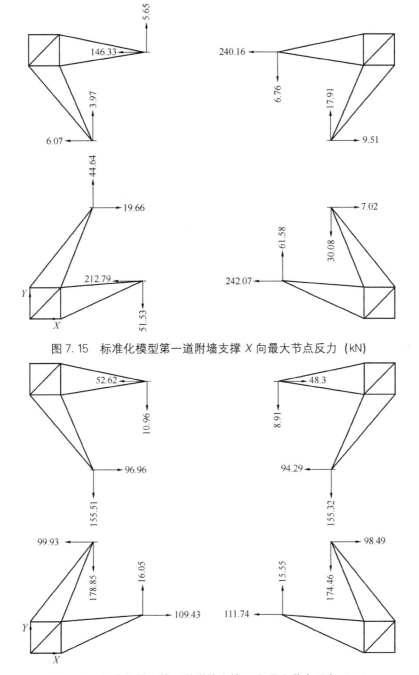

图 7.15 标准化模型第一道附墙支撑 X 向最大节点反力 (kN)

图 7.16 标准化模型第一道附墙支撑 Y 向最大节点反力 (kN)

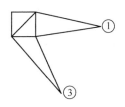 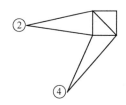 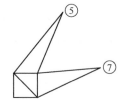 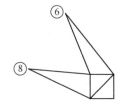

图 7.17　第一道附墙支撑节点编号示意图

由表 7.7 可以看出，第一道附墙支撑处的杆件应力比，实际模型和标准化模型相差不超过 3%。

空中造楼机第一道附墙支撑杆件应力比对比　　　　　　表 7.7

杆件编号		杆 1	杆 2	杆 3
应力比	实际模型	0.473	0.515	0.366
	标准化模型	0.460	0.500	0.317
实际/标准		1.028	1.030	1.155

升降柱底部标准节竖杆（杆 3）受自重的影响相差较大。可以在标准化模型中通过在第三道附墙支撑位置的升降柱节点处（每个升降柱 4 个节点）增加节点荷载，模拟升降柱自重的影响。

基于以上分析，对于不同建造高度的空中造楼机均可以采用标准化模型进行模拟计算。

7.3.2　空中造楼机承载力计算

空中造楼机适用于建造不超过 180m 的剪力墙结构。当建筑物高度达到 180m 时，若层高按 3m 计，升降柱高度约为 201m。根据每个标准节升降柱重量（示范工程用标准节实测重量约为 18kN），在第一道附墙支撑下的升降柱节点（共 16 个）施加 216kN 竖向荷载就可以模拟完整的钢平台系统重量。

计算分析表明，与标准化模型相比，第一道附墙支撑以上结构计算应力比基本一致，第一道附墙支撑以下影响较大：升降柱最大应力比为 0.493，整套钢平台系统自重为 8629.4kN。

为了实现竖向构件混凝土的自动浇筑，可以将布料机布置在顶部钢平台上，在模拟计算时，在第一道附墙支撑下的升降柱施加 300kN 竖向节点荷载。此时，升降柱的最大应力比为 0.561，整套模架系统自重为 9973.4kN。因此，空中造楼机的承载力可以满足 1000t 的研发目标要求。

7.3.3　空中造楼机质量检测

对空中造楼机质量进行了第三方检测。主要内容包括对关键部件，如爬升架、升降柱标准节、钢结构平台受力和防雷接地等进行检验。质量和指标符合研发目标要求。

空中造楼机建造示范工程

示范工程为深圳谭屋围项目 10 号保障性住房，檐口高度为 83.4m。工程示范主要内容包括：

通过空中造楼机的安装与运行，验证多功能集成钢平台系统、多点支撑同步智能升降系统和全自动开合内外模板系统对于高层住宅预制与现浇混合建造工艺的适应性。

通过对平台进行实时数据采集和视频监控，验证远程智能控制系统的可操作性，并跟踪分析运行过程中钢平台系统的受力状态。

通过示范工程建造，验证空中造楼机建造高层混凝土结构的技术规程、建造工法、施工流程和管理模式。形成空中造楼机安装、运行和拆卸相关的专项安全与应急预案，并开展成本、工期、质量等数据的收集工作。

8.1 示范工程概况

8.1.1 项目概况

本项目位于深圳市大鹏新区葵涌街道，南临金葵东路，东临高源中路，北侧和西侧主要为山体和待建场地；项目整体情况如航拍图所示（图 8.1），工地主要出入口位于西南角。

项目占地面积 56208.53m²，总建筑面积 314094.49m²，包含 15 栋 28～32 层高层住宅、部分商业裙房、地下室及 1 座 3 层幼儿园（图 8.2）。

示范工程为 10 号楼（图 8.3、图 8.4），建筑结构信息详见表 8.1。

示范工程 10 号楼建筑结构概况表　　　　　　　　　　　　　　　表 8.1

项目	内容
工程规模/标准层面积	1.116 万 m²/394.85m²
建筑层数及层高	地上 28 层/地下 2 层 层高：首层 5.1m/标准层 2.9m 机房层 3.0m

项目	内容
屋顶层结构标高	83.400m
结构类型	基础：旋挖灌注桩＋承台＋筏板 地下室：框架结构 主楼：框架-剪力墙结构
开工/计划竣工日期	2020.8.31/2022.5.27
空中造楼机建造楼层	11层及以上
建筑类型/建筑功能	装配式高层住宅/政府保障房
构件混凝土等级	地下室～4F：梁板：C30；墙柱：C45。 C40（5F～8F）、C35（9F～12F）、C30（13F以上）
预制构件重量 （3F～28F）	阳台叠合板：0.874t/0.805t 卧室叠合板：0.604t/0.668t/0.633t/0.739t/0.596t 预制凸窗：3.405t/2.028t/2.37t/2.418t/3.353t 预制楼梯：3.44t 楼梯预制隔墙：3.09t

图8.1 示范工程场地全景航拍图

图 8.2　示范工程建筑效果图

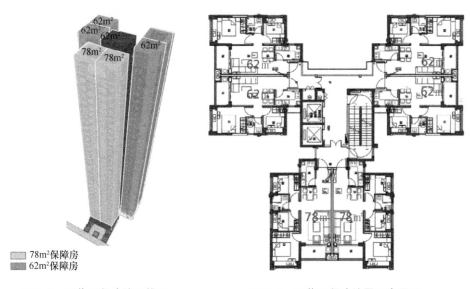

图 8.3　示范工程建筑三维图　　　图 8.4　示范工程建筑平面布置图

8.1.2　示范内容

1. 落地式高承载力大型集成组装式钢平台系统技术

（1）平台系统全覆盖的多层级立体化组装技术。

（2）大跨度重载桁架构件系统和贝雷片次桁架吊挂系统。

（3）落地式平台系统 90% 的部品标准化和 100% 构件预拼装的模块化技术。

（4）空间受力分析建模方法与计算分析结果的验证。

2. 钢平台系统与设备设施一体化集成技术

（1）双梁行车变频电机驱动智能定位控制技术。

（2）双梁行车移动性态可控技术和轻量化重载标准轨道应用。

（3）轨道式吊装设备高空吊装抗倾覆结构及支腿优化技术。

（4）双梁行车全程带机械和智能锁定装置。

（5）混凝土智能布料、养护与工艺设施集成技术。

3. 大型造楼集成组装式平台系统的构件部品高效安装技术

（1）BIM 三维模拟仿真技术。

（2）三维虚拟安装与拆卸技术。

（3）同步升降平台系统和模板自动开合系统集成智能控制技术。

4. 现浇混凝土结构模板自动化开合技术

（1）不同部位的墙体标准化集成模板系统技术。

（2）内模板和外模板的水平自动开合系统和自动控制技术。

（3）内外模板系统定位导向与位置微调技术。

5. 大型造楼集成组装式平台系统的智能升降技术

（1）固定式附墙多点支撑系统技术。

（2）多点支撑系统同步协同升降技术。

（3）智能升降系统与支撑系统基础一体化设计技术。

8.1.3 组织管理架构与年度计划

实施领导小组统一领导项目现场施工总承包部及课题团队（图 8.5）。现场施工总承

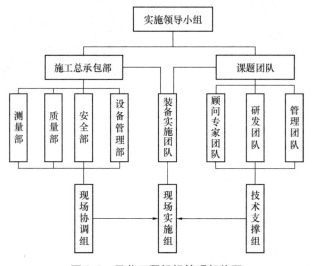

图 8.5 示范工程组织管理架构图

包部由上海建工派驻的项目经理负责，下设测量部、质量部、安全部、设备管理部等部门并成立现场协调组。课题团队由顾问专家团队、研发团队和管理团队组成，负责本课题的研发与管理工作，并成立技术支撑组。空中造楼机工程示范由装备实施团队负责，包括装备生产、现场安装、爬升、日常维护、拆除等工作。现场协调组负责督促其他部门配合现场实施组的工作，技术支撑组负责对现场实施组在现场施工过程中遇到的技术问题提供解决方案。

示范工程年度任务计划和考核指标见表8.2。

示范工程年度任务计划和考核指标　　　　　　　　　　　　表8.2

年度	任务计划	考核指标	成果形式
2018.7—2020.2	（1）落地式高承载力大型集成组装式钢平台系统技术研究； （2）落地式高承载力多点同步升降支撑系统技术研究	（1）完成实施方案与施工图； （2）完成实施方案与施工图	（1）设计实施方案； （2）施工图
2018.10—2020.3	（1）钢平台系统与设备设施一体化集成技术研究； （2）大型造楼集成组装式平台系统的构件部品高效安装技术研究	（1）完成实施方案与施工图； （2）完成实施方案与施工图	（1）设计实施方案； （2）施工图
2018.11—2020.4	（1）现浇混凝土结构模板自动化开合技术研究； （2）平台系统智能升降技术研究	（1）完成实施方案与施工图； （2）完成平台系统智能升降技术方案、程序编制与施工图	（1）设计实施方案； （2）施工图
2019.11—2020.12	空中造楼机施工工法方案技术研究	完成全部施工工法方案与施工管理体系	（1）设计实施方案； （2）施工图
2018.7—2020.11	（1）技术方案全过程评审与设计改进； （2）系统整体安全性计算分析与评审； （3）空中造楼机课题组与专家评审	（1）完成内部评审、课题组评审与设计改进； （2）通过专家评审	（1）内部、课题组会议纪要或评审意见； （2）专家评审意见； （3）计算分析报告
2020.6—2021.3	（1）开展示范功能使用的空中造楼机设计加工方案研究； （2）空中造楼机设备制造、部装、总装、测试、试验和验收	（1）完成设备制造； （2）完成部装与部品试验、总装与整体测试和试验	（1）设计加工方案； （2）空中造楼机装备一套
2021.2—2021.3	示范工程实施方案及设备准入最终专家论证	方案通过专家论证	专家论证意见
2021.3—2022.3	（1）空中造楼机设备安装； （2）示范工程项目示范建造	（1）完成设备安装、现场评审、移交施工团队； （2）完成项目示范建造	（1）空中造楼机设备； （2）示范工程

年度	任务计划	考核指标	成果形式
2021.12— 2022.5	示范工程现场专家验收	专家论证通过	专家验收意见
2022.1— 2022.6	(1) 完成示范工程； (2) 编制示范工程报告	(1) 建立示范工程； (2) 完成示范工程实施报告	(1) 示范工程； (2) 示范工程实施报告

8.1.4　示范工程专项方案

为保证示范工程建设安全与产品质量，确保空中造楼机安装、运行和拆卸的安全，制定了空中造楼机安装安全专项方案及应急预案、附墙与顶升专项方案及应急预案、拆除专项方案及应急预案，并通过了专家论证和政府管理备案。

8.1.5　预期目标

卓越蔚蓝柏樾府 10 号楼属于政府保障房，地质情况复杂。"短肢剪力墙"结构体系和"品字型"户型设计是目前商品房和保障房普遍采用的建筑设计结构体系。同时，政府对预制装配率要求较高，结构立面及平面布置复杂多变，施工难度大。因此采用此项目进行示范建造，具备很强的代表性，能够充分检验和验证"空中造楼机"的示范建造效果和后续推广的产业和商业价值。

为便于各级主管部门理解与审查，在上报文件中将"智能化大型造楼集成组装式平台系统"也称为"落地装配式模架系统"。

针对该项目超高复杂体型结构，采用空中造楼机系统及其工法进行建造，将形成以下预期成果：

（1）组装式钢平台系统和多点同步升降支撑系统所形成封闭的可自动升降的高空施工环境，有效降低施工对周围环境的影响和对施工场地的需求。

（2）多层级立体化重载作业平台可随建筑升高同步升降，会显著提升施工环境质量和施工作业自动化水平。

（3）重载作业平台采用落地式高承载力结构体系，无需附着于墙体进行攀爬，同时采用多点固定附墙支撑，大幅度提高了作业设备的安全性。

（4）竖向模板体系采用全自动开合内外模板技术，属全球首创。通过完全无需人工干预的模板自动升降与模板自动开合，辅以自动对位和微调装置，大大降低了人工成本，提高了施工精度和质量。

（5）重载作业平台系统高度集成智能化的双梁行车吊装设备和混凝土杆式布料系统，可实现各种预制装配件和原材料的精准转运和吊装（包括整体成型钢筋笼的吊装），高空多点布料或集中布料，从而提高作业精度，降低人工成本。

（6）在空中造楼机关键构件上布置有各类传感器和视频监控设备，实时监测该系统的工作及爬升状态，在平台系统和模板系统同步升降和模板自动开合过程中，进行全智能化控制，实时发现并调整爬升过程中的异常状况，充分保证施工安全。

（7）系统采用全模块化、标准化和通用化构件及其总分控制系统设计，对各种不同建筑高度及体型具有通用性和重复周转性，显著降低了制造和应用成本。

8.2 示范工程效果

8.2.1 钢平台系统实施效果

为满足政府对保障性住房交付的时间要求，空中造楼机示范建造从该工程的11层开始，11层以下为常规施工工艺（图8.6）。

图8.6 示范工程现场安装完成后的空中造楼机实景

示范建造用落地爬升式空中造楼机具有以下特点：

（1）顶部钢平台采用钢桁架与贝雷片相结合，在保证顶部钢平台强度和刚度的同时实现了轻量化（图8.7）。

(a) 先吊装钢桁架   (b) 后安装贝雷片

(c) 然后铺设平台钢板   (d) 设置人员出口和混凝土浇筑翻板

图 8.7 钢桁架与贝雷片结合的顶部钢平台安装过程

（2）顶部钢平台与下部钢平台采用两套液压控制系统，互不干涉，施工作业方便灵活，既降低了同步升降时的液压负载，保证了安全性，也提高了特殊情况下的应急升降能力（图 8.8）。

(a) 吊装顶部钢平台下爬升架   (b) 操作平台爬升至7层

图 8.8 空中造楼机同步升降系统安装过程

（3）采用三层一道固定附墙支撑（图 8.9）。通过统一边界输入条件、参数化建模和有限元虚拟仿真分析，整体安全性达到各种工况下的要求。

图 8.9 升降柱与结构主体之间的附墙支撑

（4）在升降柱顶部加装标准节（图 8.10）。与 1.0 版落地顶升式空中造楼机相比，可实现全程无脱腿同步升降，降低了顶升荷载，避免了载荷不平衡和升降柱超高悬臂，提高了安全性和可靠性。

(a) 示范工程直接采用现场塔式起重机，标准化造楼机塔式起重机安装在一个升降柱上

(b) 采用塔式起重机在升降柱顶部加减标准节，并在爬升架平台上进行连接操作

图 8.10 采用塔式起重机在升降柱顶部加减标准节

（5）通过 PLC、PID 与交流变频速度控制（图 8.11），保证了在整个升降过程中，同步升降支撑系统中的液压、电控系统的精确同步和可靠性（图 8.12）。通过主升降油缸与随动锁定油缸，实现高安全性。

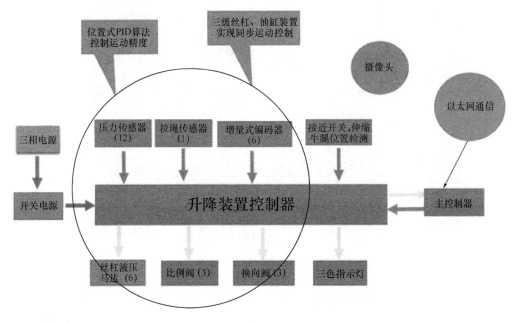

图 8.11　同步升降控制系统原理图

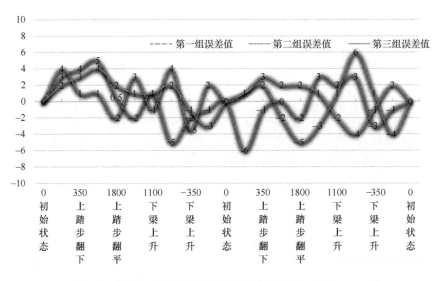

图 8.12　钢平台升降控制绝对误差分布实测值（单位：mm）

（6）钢平台承载力超过 1000t。多点同步升降支撑系统单个升降柱承载力不低于 300t，示范建造用空中造楼机采用 4 组升降柱组及其同步升降系统，最大承载力为 1200t。

钢平台最大升降力通过双缸驱动、双缸随动与同步锁定，单组爬升系统最大提升力为
120t，4组爬升系统最大提升力为480t。钢平台及其附属部品实际重量约为230t，其中顶
部钢平台约为134t，下部钢平台约为96t。

8.2.2 钢平台系统与设备设施集成实施效果

双梁行车与下部钢平台系统集成，实现了钢平台水平运输全覆盖。自动开合内外模板
系统与顶部钢平台集成，实现了全部竖向结构混凝土构件模板的自动升降、自动支模与自
动拆模。实施效果如图8.13所示。

(a)集成双梁行车系统

(b)集成模板模架系统

(c)集成下挂平台系统

(d)集成平台系统

图8.13 钢平台系统与设备设施集成的实景照片

双梁行车悬臂部分通过桁架与操作平台悬挑部分连接，同时双梁行车悬挑部分、操作
平台悬挑部分及连接桁架与爬升架通过销轴形成一个整体，从而在结构上确保了双梁行车
悬挑部分的安全性与可靠性。实施效果如图8.14所示。

双梁行车实施效果如图8.15所示。

内外模板及自动开合系统实施效果如图8.16所示。

空中造楼机集成了建筑施工所需的全部平台，实施效果如图8.17所示。

(a) 从集成平台正面看

(b) 从空中俯瞰看

(c) 站在建成楼面上看

(d) 站在行车平台上看

图 8.14 钢平台系统与双梁行车集成的实景照片

(a) 大车行车机构及轨道

(b) 控制系统

图 8.15 双梁行车实景照片（一）

(c)小车行车机构及轨道 （d）双梁行车全貌

图 8.15　双梁行车实景照片（二）

(a)内模板系统 （b）外模板系统

(c)内模板自动开合装置、监控和控制箱 （d）连杆机构和防漏浆装置

图 8.16　内外模板及自动开合系统的实景照片

(a) 顶部钢平台与防护围栏   (b) 浇筑平台   (c) 操作平台

(d) 物料转运平台   (e) 双梁行车吊运PC构件   (f) 下挂平台与翻板

图 8.17 空中造楼机集成建筑施工所有平台的实景照片

8.2.3 钢平台系统构件部品高效安装效果

在 SAP2000、NIDA 等程序模型中实现了空中造楼机结构信息的输入和表现，通过 BIM 三维模拟完成了空中造楼机的三维虚拟安装与拆卸。通过中国建筑设计研究院、东南大学、上海建工、深圳市卓越工业化智能建造开发有限公司和北京中奥建工程设计有限公司等不同单位的计算分析，完成了对钢平台系统安全性的全方位评估。实施效果如图 8.18 所示。

8.2.4 模板自动开合系统实施效果

模板定位采用水平定位方案 [图 8.19 (a)]，水平限位型钢在模板下落合模时对模板进行水平定位。通过将水平限位型钢重复安装在模板系统的同一基准座上，且双向位置与模板精准叠合，实现了模板高精度定位。

对于首个建造层，采取在楼板预埋钢板后焊接定位角钢的做法。将平面尺寸为 150mm×150mm、厚度为 6mm 的钢板安放在每个房间的四角并与楼面钢筋焊接。楼面浇筑后，清理干净钢板表面，并根据剪力墙定位线进行定位角钢的焊接 [图 8.19 (b)]。

(a) 吊装操作平台   (b) 吊装爬升架

(c) 吊装物料转运平台   (d) 安装贝雷片

(e) 顶部钢平台挂载模架系统   (f) 100%销栓连接

图 8.18 钢平台系统构件部品高效安装的实景照片

模板开合控制系统采用主从分布式组网的智能控制系统，实现模板机构单独开合、局部开合以及整体开合等多种方式（图 8.20）。

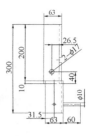

(a) 内模板系统水平限位型钢

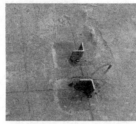

(b) 在首个建造层楼板上预埋钢板后焊接定位角钢

图 8.19　内模板水平定位实施效果

图 8.20　对每个模板单元实现独立开合控制的实景照片

根据第三方监理机构的检测报告，采用自动开合模板系统浇筑的混凝土质量符合现行国家标准《混凝土结构工程施工质量验收规范》GB 50204—2015 的相关要求，图 8.21 显示了现浇混凝土墙梁外观质量。

(a) 外墙

(b) 洞口模板支撑

(c) 预制凸窗与现浇内墙

(d) 开模后的整体外观

图 8.21　自动开合模板系统浇筑的混凝土外观实景照片

图 8.22 完整展示了空中造楼机建造工法及其实施效果。

(a) 划线定位与
定位角钢的安装

(b) 双梁行车
吊装预制凸窗

(c) 墙柱钢筋笼
整体吊装与钢筋绑扎

(d) 人工安装
独立洞口模板

(e) 人工绑扎梁钢筋

(f) 顶部钢平台下降2.5个
楼层高度，自动合模

(g) 外模穿墙螺栓
与背架固定

(h) 内模板之间、外模板与内模板之间的固定

(i) 人工支模模板
的加固与检验

图 8.22　空中造楼机建造工法及其实施效果（一）

(j)打开墙梁平台浇筑口　(k)布料系统操控到位　　　　　(l)墙柱混凝土浇筑　　　(m)拆除外模板穿墙螺栓

   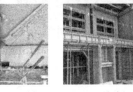 

(n)拆除部分人工模板　(o)外模板独立自动开模　(p)内模板独立自动开模　　(q)顶部钢平台上升3.5个楼层高度

图 8.22　空中造楼机建造工法及其实施效果（二）

8.2.5　钢平台智能升降实施效果

钢平台升降电气控制系统由顶部钢平台升降电气控制系统和操作平台升降电气控制系统组成，均采用分布式模块化设计，且为独立的平台升降控制系统，两个系统为互锁方式，不但降低了平台系统同步顶升荷载，而且提升了系统安全性能（图 8.23）。

同步升降系统采用交流变频电机驱动，实现同步升降速度无级调速，参考目前常用的爬架系统和顶模系统等数据，最大同步升降速度为 320mm/min。双缸随动与同步锁定，实现主驱动与随动驱动液压系统完全互换，一方面确保一旦出现系统故障，同步锁定，确保安全性，另一方面，一套液压系统出现故障，另一套液压系统启动同步升降，提高工作效率。

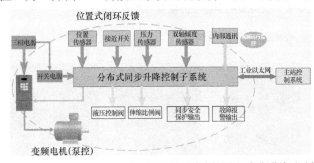 

(a)单组同步升降电气框图及视频监控画面中的电液控制执行机构

(b)液压站与升降位移编码器　　　　　　(c)现场主控界面和控制台

图 8.23　钢平台智能升降控制系统实施效果（一）

(d) 踏步翻转油缸、位置开关及监控

(e) 升降柱同步升降和翻爪现场监控界面

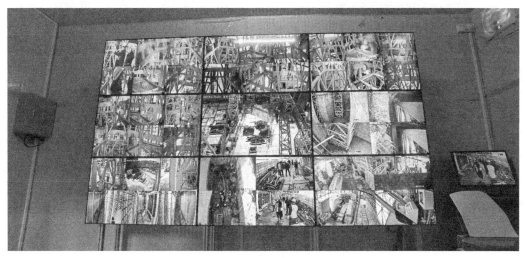

(f) 钢平台系统视频监控室

图 8.23 钢平台智能升降控制系统实施效果（二）

8.3 建造工期与建造质量评估

8.3.1 建造工期

统计每层施工时间和施工人员数量，以便评估空中造楼机建造工期和人工投入。根据示范工程实际施工时间，并减去因设备非正常调试、周转材料供应不及时等造成的非正常时间，表 8.3 描述了空中造楼机示范建造一个标准层的施工周期为 8d/层。

与普通工法相比，目前的空中造楼机建造技术还无法实现墙板与楼板混凝土一次浇筑。

在示范工程中，墙体洞口铝合金模板均为人工支模，成为人工投入最多的工序。因此，开发并采用工具式门窗洞口模板是进一步减少人工投入的重要途径。

我们认为，通过规模化预制钢筋网笼产品并应用工具式洞口模板，标准层施工工期可以减少到 5d/层。

125

空中造楼机示范建造一个标准层的施工周期统计　　　　表 8.3

序号	作业项目	第1天		第2天		第3天		第4天		第5天		第6天		第7天		第8天	
		上午	下午	上午	下午	上午	下午	上午	下午	上午	下午	上午	下午	上午	下午	上午	下午
1	测量放线	✓															
2	定位角钢安装		✓	✓													
3	造楼机模板中心架固定件打膨胀螺栓		✓	✓													
4	墙柱钢筋绑扎（先绑扎凸窗周边钢筋）		✓	✓													
5	墙柱机电预埋			✓													
6	PC凸窗安装（需转运吊装）			✓													
7	凸窗边外框梁钢筋绑扎					✓											
8	人工支设梁底模、洞口模板及加固					✓	✓										
9	洞口压槽安装					✓											
10	梁钢筋绑扎					✓	✓										
11	钢平台＋模板回落							✓									
12	造楼机回落过程中，模板刷脱模剂							✓									
13	造楼机模板精度调整								✓								
14	外墙洞口等人工支模加固									✓							
15	造楼机内模板加固（中心架固定）									✓	✓						
16	造楼机外模板加固（穿墙螺栓固定）									✓	✓						
17	第一次混凝土浇筑（白天）											✓					
18	人工墙柱模板拆除（包括人工支模部分及对拉螺栓）												✓				
19	钢平台整体提升												✓				
20	钢平台模板清理												✓				
21	楼板人工支模及加固													✓	✓		
22	剪力墙梁顶部施工缝部位浮浆凿毛并清理												✓				
23	PC叠合板施工														✓		
24	剩余梁板钢筋绑扎														✓	✓	
25	梁板机电预埋														✓	✓	
26	铝模吊模及梁边铝模加固															✓	
27	第二次混凝土浇筑																✓

8.3.2　建造质量

图 8.24 为空中造楼机建造混凝土结构的外观实景照片。

(a) 外墙外观效果　　　　　　　　　　　(b) 内墙外观效果

(c) 墙角外观效果　　　　　　　(d) 楼面梁外观效果

图 8.24　空中造楼机建造混凝土结构示范工程现场实景照片

表 8.4 为 19 层外墙平整度检测结果。与外模 6 毗邻的预制混凝土凸窗因固定不到位，出现了偏移现象。

示范工程 19 层外墙平整度检测结果（单位：mm）　　　　　　　表 8.4

测量参数	水平方向平整度	垂直方向平整度	备注
外模 1	3	3	
	2	3	
	4	2	
	3	2	
外模 2	6	3	
	3	2	
外模 3	3	3	
	5	3	
	3	4	
外模 4	7	5	
	7	6	
	4	6	
外模 5	2	2	
	2	3	
外模 6	4	3	预制凸窗固定不到位，在浇筑过程中出现偏移
	3	4	
	4	8	

127

图 8.25 为 19 层内墙平整度检测结果。水平方向平整度合格率 100%，垂直方向平整度合格率 77%。对比浇筑前模板合模后的垂直度检查结果（图 8.26）和浇筑后墙体垂直方向平整度检测结果后认为，垂直方向平整度合格率偏低是模板初始垂直度不合格造成的。因此，需要严格控制模板初始垂直度精度。

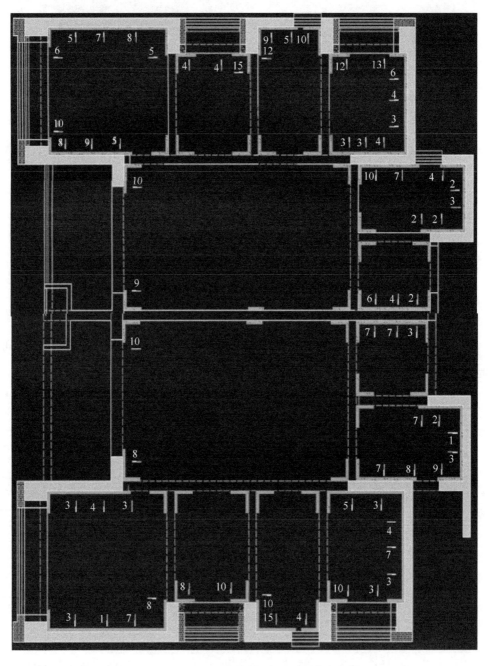

图 8.25　示范工程 19 层内墙垂直方向平整度检测结果

图 8.26 示范工程浇筑前模板合模后的垂直度检查结果

9

空中造楼机迭代研发方向

国际上对于建筑机器人（Construction Robot，CR）的定义是一种在计算机控制下完全或部分代替人力建造建筑物的机电一体化系统（Computer-controlled construction robot is a electro-mechanical system which can completely or partially replace the human）。因此，空中造楼机的科学名称应称为一种建筑机器人，落地式空中造楼机就是一种支撑在地面的大型建筑机器人。

从附录 1 关于空中造楼机国内外专利技术的研究现状可以看出，课题面向 80～180m 超高层钢筋混凝土剪力墙结构现场工业化建造所研究开发的设备设施一体的智能化大型造楼平台系统，突破了多点支撑钢平台智能同步升降、墙梁模板精准定位与自动开合、钢平台系统高空高效安装与拆卸、物料垂直与水平运输、混凝土全覆盖浇筑与养护等关键技术。

空中造楼机融合了全部施工平台以及集成于平台的各种功能设施设备、材料、控制等众多技术。空中造楼机研发应加大跨学科合作，尤其是复合材料、机械制造和人工智能领域，并从标准化设计、工厂化部品、工业化建造、全周期服务等方面实现多专业配合与产业链协同。在自身加强技术研发的同时，引入更多的国内外相关技术人才和相关技术发明人合作，就某一分支技术进行共同攻关，以期系统化地掌握超高层建筑建造关键技术，形成一套完整的具有自主知识产权的技术体系。

从专利技术现状来看，混凝土运输、浇筑和养护技术，模板系统及其模板固定技术，以及竖向物料运输技术相对成熟。本项目对于墙梁模板自动开合技术和多点支撑同步智能升降系统实现了突破。因此迭代研发的主要关键技术方向包括建筑体系全覆盖的钢平台系统、混凝土"按层 3D 打印"浇筑系统、轻量化钢平台系统、更便捷的模板定位与固定装置、轻质高强免脱模剂模板材料。

9.1 建筑体系全覆盖的钢平台系统

比较目前的技术现状，落地式空中造楼机属于带自动开合模板系统的建筑施工通用平台，适用于 180m 以下的各种混凝土结构体系，包括装配式建筑和混合结构。

9.2　混凝土"按层 3D 打印"浇筑系统

利用顶部钢平台集成立柱式智能布料杆，通过 PLC 自动控制结合臂架姿态调整定位技术，实现布料杆的末端定位与自动布料控制。利用双梁行车集成二次轨道智能布料技术，实现楼板混凝土的自动浇筑。通过两项技术的集成，实现超高建筑混凝土"按层 3D 打印"。

9.3　轻量化钢平台系统

采用铝合金、高强钢、复合材料等新材料、新工艺，进一步降低钢平台系统的重量。

9.4　更便捷的模板定位与固定装置

充分利用竖向结构钢筋刚度，开发更加便捷安装的模板定位与固定装置及其建造工法。

9.5　轻质高强免脱模剂模板材料

进一步研究开发免脱模剂、温度变形小、轻质高强模板材料，以及工具式门窗洞口模板系统。

附录 A

空中造楼机专利技术现状研究

1　技术现状与研究边界

1.1　落地式空中造楼机专利现状

本报告以空中造楼机及其关键技术为目标，通过知识产权专利数据的分析，研究行业专利发展趋势、国内外专利现状、技术发展路线、主要竞争对手等，开展空中造楼机领域研究成果的梳理和分析。

为便于比较，表 A.1 列出了项目已取得的专利。

课题取得的专利清单　　　　　　　　　　　　　　　表 A.1

	文件名称	专利类型	专利号/申请号
1	一种自动加减升降柱式结构及自动升降方法	发明公布	201910508932.X
2	一种用于建筑机械和建筑施工同步升降结构及升降方法	发明公布	201910508978.1
3	一种建筑材料转运系统和方法	发明公布	201910470034.X
4	一种轨道移动式混凝土定点浇筑布料装置及浇筑方法	发明公布	202010892520.3
5	建筑自动合模系统及其精准定位系统	发明公布	201811075014.4
6	一种造楼机的模板自动对位装置	发明公布	201910585549.4
7	一种驱动多种工作平台升降的升降装置	发明公布	201910586330.6
8	一种用于提升的多级丝杆与提升油缸组合提升装置	发明公布	201910624679.4
9	一种空中造楼机的平台升降装置	发明公布	201910340996.3
10	一种用于建筑机械和建筑施工同步升降结构	发明公布	201910508925.X
11	一种应用于落地式和自爬式整体施工作业平台	发明公布	201910483554.4
12	一种应用于落地式和自爬式整体施工作业平台	实用新型	201920834938.1
13	一种用于建筑机械和建筑施工同步升降结构	实用新型	201920883258.9
14	一种用于建筑机械和建筑施工同步升降结构	实用新型	201920883361.3
15	一种自动加减升降柱式结构	实用新型	201920883268.2
16	一种建筑材料转运系统	实用新型	201920822941.1
17	一种剪叉式带回转的提升装置及其建筑吊装装置	实用新型	201920831959.8
18	一种模板防漏浆装置	实用新型	202021879044.3

	文件名称	专利类型	专利号/申请号
19	一种内模板组件定位及微调装置	实用新型	202021879045.8
20	一种用于模板开合的空间三角连杆机构	实用新型	202021879042.4
21	一种新型整体水平开合式模板系统	实用新型	202021881475.3
22	一种升降柱安装调节装置	实用新型	202021881460.7
23	一种建筑模架系统用抗风载荷装置	实用新型	202021879009.1
24	一种整体水平开合式模板系统	实用新型	202021881473.4
25	一种轨道移动式混凝土定点浇筑布料装置	实用新型	202021851572.8
26	一种建筑施工平台防坠装置	实用新型	202021879008.7
27	一种用于建筑机械和建筑施工分组同步升降结构	实用新型	202021881486.1
28	一种用于建筑机械和建筑施工装备同步升降系统	实用新型	202021995143.8
29	建筑自动合模系统及其精准定位系统	实用新型	201821513130.5
30	一种造楼机的模板自动对位装置	实用新型	201921023947.9
31	一种驱动多种工作平台升降的升降装置	实用新型	201921021673.X
32	一种用于提升的多级丝杆与提升油缸组合提升装置	实用新型	201921099078.8
33	一种空中造楼机的标准节自动加减节装置	实用新型	201921124829.7
34	一种空中造楼机的模板自动脱扣装置	实用新型	201921124830.X
35	一种造楼机的空中悬臂装置	实用新型	201921127667.2
36	一种空中造楼机的平台升降装置	实用新型	201920584407.1

1.2　落地式空中造楼机技术指标

1. 适用建筑范围

高度 180m 及以下的钢筋混凝土结构高层建筑。

一个建造单元的建筑外围尺寸≤36m×36m。

组合式造楼机适用的建筑外围尺寸短边≤36m，长边不限。

适用于各种建筑外形，包括一字形、T/Y 字形、工/回字形、十字形等。

首个建造标准层楼面距地面≥2h（h 为标准层层高，以下同）。

不适用于弧形剪力墙的建筑。

2. 装备运行环境

风速：根据设置在顶部钢平台的风速仪测得的实际风速。

平台升降操作：实测风速不超过 13.8m/s，即风力等级不超过 6 级。

正常施工作业：实测风速不超过 20.7m/s，即风力等级不超过 8 级。

台风避险状态：实测或预报风速 28.4m/s<V_z≤46.1m/s，即风力等级超过 10 级，但不超过 14 级。

温度：环境温度−5℃～+40℃。当混凝土浇筑环境温度低于 5℃时，应采取防风保温措施保证混凝土养护环境温度在 5℃ 及以上。

湿度：相对湿度≤90%。

3. 主要技术参数

整机高度：屋顶结构标高－升降柱基础顶面标高＋15m。

承载能力：一个标准单元造楼机承载能力≥1000t，单个升降柱额定承载能力≥300t。

升降柱：一个标准单元造楼机最少为 4 个，按 2 的倍数增加升降柱，可构成组合式造楼机。升降柱标准节高度同标准层层高，单个标准节重量小于 3t。

附墙支撑：间隔 3 层设置 1 道附墙装置与主体结构铰接。距最近的附墙支撑装置，最大悬臂高度 10h，最小悬臂高度 7h。

钢平台：包括顶部钢平台和下部钢平台，均可独立升降。

顶部钢平台：设置有柱式混凝土布料机或轨道式混凝土布料机（用于竖向结构浇筑）、悬臂吊（用于吊装标准节）、下挂内外竖向结构模板系统及混凝土喷淋养护系统。顶部钢平台（上平面）距待建造楼面最大高度约为 5h，最小高度约为 3.5h。

下部钢平台：集成双梁行车平台、双梁行车、轨道式混凝土布料机（用于水平结构浇筑）、操作平台、物料转运平台并下挂施工平台。

爬升架：每组爬升架配置 4 只油缸，其中 2 只主动油缸、2 只随动油缸。每组泵站排量 10ml/r，功率 7.5kW，液压系统额定压力 28MPa，工作压力 21MPa。每组爬升架最大顶升荷载 200t。平台上爬升最大速度 240mm/min，平台上顶升最大速度 320mm/min。升/降一个标准层高度用时≤30min，每组爬升架耗电约 15kWh。

双梁行车：最大起重量 2×8t，起升速度 20m/min。

悬臂吊：起重量 3t/台，起升速度 20m/min。

内外模板：每组内模板单元配置 4 台电机，每组外模板单元配置 2 台电机，电机功率 0.55 kW/台。合模或开模时间约 15s。轻质高强工程塑料模板或铝模板，重复使用次数超过 300 次。

装备标准化：标准化率≥95%，现场装配率 100%，销栓连接方式 100%。

4. 预期技术经济指标

建造工期：主体结构 5d/层。

建造质量：优于现行国家标准《混凝土结构工程施工质量验收规范》GB 50204 的相关要求。

人力投入：20 人年/栋，相比传统施工减少 75%～90%。

建造成本：规模化建造成本（重复建造 3 栋以上）与传统施工成本相当。

1.3 专利技术研究边界

本报告中对各技术进行了专利技术边界界定，具体如下（图 A.1）：

移动组装式钢平台系统整体结构，包括落地式高承载力大型集成组装式升降钢平台系

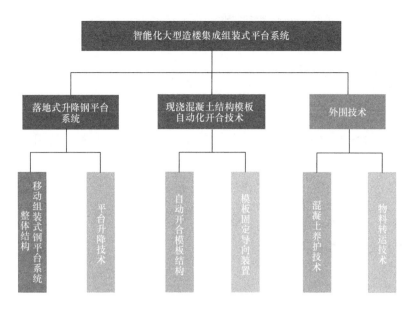

图 A.1 国内外专利现状技术界定

统整体结构，用于不高于 180m 的高层混凝土结构建筑。

平台升降技术，包括落地爬升式、落地顶升式、附墙爬升式、附墙顶升式。

模板自动开合技术，用于现浇混凝土，包括不同部位的墙体集成模板系统（如墙梁模板）、无对拉螺栓条件下的自立式模板系统、内模板竖向和外模板水平自动开合系统以及开合方式、过渡连接机构等配套功能部品；还包括免脱模剂的模板，涉及模板材料，如非金属材料（木材、复合材料等，憎水型材料等）模板固定导向装置，包括配套的可便捷固定装置、导向装置。

混凝土养护技术，包括集成在平台上的，且在现场的自动化养护技术。

物料转运技术，包括混凝土物料竖向和水平转运技术。

2 专利数据来源

本报告针对中文数据库和外文数据库分别单独进行了全面检索，从而避免由于数据库自身特点造成的检索数据遗漏。检索方式分主题检索、IPC 国际分类检索、申请人检索和引证追踪检索等，其中主题检索又经历了初步检索、精确检索两个阶段，同时在主题检索中遵循了上级分支和下级分支分别检索汇总的原则。

2.1 IncoPat 科技创新情报平台

IncoPat 收录了全球 102 个国家/组织/地区 1 亿余件专利信息，对 22 个主要国家的专利数据进行特殊收录和加工处理，数据字段更完善，数据质量更高，全球专利信息每周更新三次。

2.2 Innojoy 专利搜索引擎

大为 innojoy 科技创新平台高度整合全世界 104 个国家和地区的专利文献资源，如专利文摘、说明书、法律状态、同族专利等信息，1亿多条专利数据，5000多万件专利说明书，60个国家和地区的法律状态，中国、欧美等19个国家全文代码化，日韩法德葡等14个国家小语种高品质英文翻译，每周5次数据更新。

2.3 佰腾网

佰腾网完整收录了全球103个国家、地区及组织公开的1.3亿多条专利数据信息，涵盖中国大陆、中国香港、中国台湾、日本、韩国、东南亚、新加坡、德国、法国、英国、瑞士、俄罗斯、美国等国家WIPO、欧洲专利局两组织。其中中国数据18021407件，美国数据10772565件，WIPO数据2927950件，EPO数据4082356件。数据保持每周更新和不断增长。

3 检索要素分类与检索范围

3.1 检索要素及分类

中英文检索要素表 表A.2

一级技术分支	二级技术分支	检索式
空中造楼机	落地式升降钢平台系统	移动组装式钢平台系统整体结构	TIAB=(造楼机 OR 造楼设备 OR 造楼装备 OR 建造平台 OR 钢平台 OR "steel platform" OR "building machine" OR "building construction equipment") AND (TIABC=((建设 OR 建造 OR 施工 OR construction) AND ((楼 OR 大厦 OR ((高层 OR 高空) AND 建筑))) OR ("high-rise building" OR "highrise building" OR "high-altitude building" OR "highrise building" OR "tall building"))) OR DES=((建设 OR 建造 OR 施工 OR construction) AND ((楼 OR 大厦 OR ((高层 OR 高空) AND 建筑)) OR ("high-rise building" OR "highrise building" OR "high-altitude building" OR"highrise building" OR "tall building"))))
		平台升降技术	TI=((落地 OR floor OR 附墙 OR 附着 OR attaching OR attached OR attachment) AND (爬升 OR 顶升 OR 升降 OR lifting OR climbing) OR 爬模 OR "climbing formwork" OR 爬升模架 OR "climbing frame") AND (TIABC=((建设 OR 建造 OR 施工 OR construction) AND (((高层 OR 高空) AND (楼 OR 大厦 OR 建筑))) OR ("high-rise building" OR "highrise building" OR "high-altitude building" OR "highrise building" OR "tall building")) OR DES=((建设 OR 建造 OR 施工 OR construction) AND (((高层 OR 高空) AND (楼 OR 大厦 OR 建筑)) OR ("high-rise building" OR "highrise building" OR "high-altitude building" OR "highrise building" OR "tall building")))) AND IPC=(E04G)
	现浇混凝土结构模板自动开合技术	自动开合模板结构	TI=((模板 OR 模具 OR formwork OR template) AND (脱离 OR separation OR stripping OR 开 AND 合 OR "opening and closing" OR "opens and shuts" OR 拆 OR 组装 OR 装配 OR disassemble OR assemble OR assembling OR 归位 OR homing OR returning OR (免脱模 OR "demolding-free" OR "release agent-free" OR "release agent free" OR "without demoulding" OR 非金属 OR "non-metallic" OR 木材 OR wood OR 复合材料 OR "composite material" OR 憎水 OR 疏水 OR " Hydrophobic properties"))) AND TIABC=((建设 OR 建造 OR 施工 OR construction) AND (楼 OR 大厦 OR 建筑 OR building))

一级技术分支	二级技术分支	检索式
空中造楼机	现浇混凝土结构模板自动开合技术 — 模板固定导向装置	TI＝（（模板 OR 模具 OR formwork OR template）AND（导向 OR 导轨 OR 固定 OR fixing OR fixed OR 导向 OR 导轨 OR guide OR Guiding OR 定位 OR positioning OR location）NOT（卫生间 OR 厨卫））AND TIAB＝（（建设 OR 建造 OR 施工 OR construction）AND（楼 OR 大厦 OR 建筑 OR building））
	外围技术 — 混凝土养护技术	TI＝（（混凝土 OR concrete）AND（养护 OR 喷淋 OR spraying OR curing OR 蒸汽 OR steam OR 喷涂））AND（TIABC＝（现场 OR site OR scene）OR DES＝（现场 OR site OR scene））NOT TIAB＝（桥 OR 隧道 OR 隧洞 OR 市政 OR 公路）
	外围技术 — 物料转运技术	TI＝（（混凝土 OR concrete）AND（转运 OR 运输 OR 运移 OR transport＊））AND（TIABC＝（泵 OR pump）OR TIABC＝（（现场 OR site OR scene）AND（竖直 OR 水平 OR 高层 OR 高空 OR "high-rise" OR highrise OR "TALL BUILDING"））OR DES＝（现场 OR site OR scene）AND（竖直 OR 水平 OR 高层 OR 高空 OR "high-rise" OR highrise OR "TALL BUILDING"））

3.2 检索对象与范围

本报告基于空中造楼机专利技术展开分析，检索对象为全球发明与实用新型专利。

本报告中所称的专利是指本领域已经公开或公告的专利文献，包括有效的和失效的专利文献。

3.3 专利数据截止日期

本报告所有专利数据截止日期为 2022 年 5 月 6 日。

由于专利制度的设计，2020—2022 年提出的专利申请中部分专利尚未公开，无法获得完整的统计数字。如，PCT 专利申请可能自申请日起 30 个月甚至更长时间之后进入国家阶段，从而导致与之相对应的国家公布时间晚；发明专利申请通常自申请日起 18 个月（需要提前公开的申请除外）才能被公布；实用新型专利申请在授权后才进行公告，其公告日滞后程度取决于审查周期的长短等。

4 空中造楼机相关技术专利现状

4.1 空中造楼机技术专利概况

4.1.1 专利申请趋势

在空中造楼机领域，近几年专利申请呈增长态势（图 A.2、图 A.3），全球范围内的专利布局主要集中在中国。

在超高层建筑领域，中国相关技术处于领先地位，空中造楼机技术专利申请人以国企建筑公司为主，申请人数量较多，技术集中度分散。

国外专利主要集中在少数国外申请人手中，技术集中优势明显。尽管在移动组装式钢平台系统整体结构方向的专利申请量少，但空中造楼机领域的细分技术如在模板、混凝土

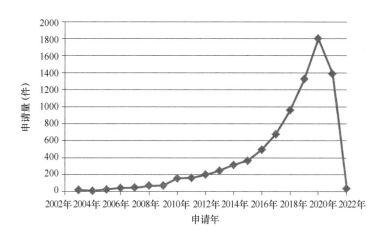

图 A.2　国内空中造楼机相关技术发展趋势（2003 年至今）

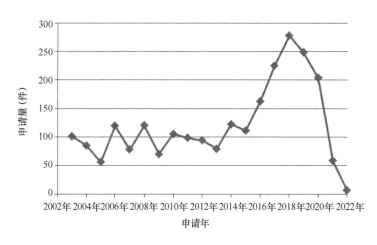

图 A.3　国外空中造楼机相关技术发展趋势（2003 年至今）

养护技术等方面的申请专利较早、较多，尤其是在模板领域，德国 PERI 模板公司、奥地利 DOKA 模板公司、英国 SGB 公司、美国 SYMONS 等公司在建筑模板领域处于技术领先行列，市场占有率高。

4.1.2　地域分布

从中国大陆持有全球专利文献总量的近 3/4 来看，中国在造楼机领域处于领先地位。国外主要集中在美国、日本以及欧洲地区。

在国内，主要分布在全国经济和产业发达的省市和地区，尤其是广东、山东、北京、江苏、上海、浙江等地区。

4.1.3　专利技术构成

从国内空中造楼机相关专利技术构成图（图 A.4）来看，我国空中造楼机的专利布局整体上比较平均，只有物料转运技术和模板固定导向装置领域的专利占比相对较低，不足 10%。

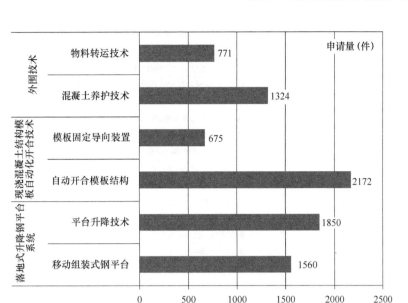

图 A.4　国内空中造楼机相关专利技术构成图

从国外空中造楼机相关专利技术分布图（图 A.5）来看，国外在空中造楼机相关技术的专利布局主要集中在现浇混凝土结构模板自动化开合技术和外围技术，二者占比分别为 47% 和 42%，而落地式升降钢平台系统领域专利占比仅为 11%。

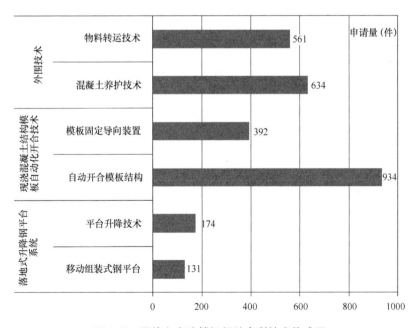

图 A.5　国外空中造楼机相关专利技术构成图

4.1.4　国内外主要研发主体

空中造楼机相关技术领域国内申请人以企业为主（图 A.6），上海建工集团股份有限公司、中国建筑第二工程局有限公司的申请量均超过 100 件。值得注意的是，德国 PERI

139

公司在中国进行了 44 件专利布局，表明 PERI 公司非常重视中国市场。

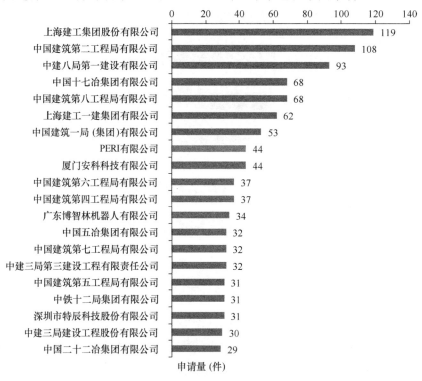

图 A.6 空中造楼机相关专利国内申请人排名图

国外专利数量相对较少，但主要集中在少数几个企业手中（图 A.7）。以德国企业为主，如 PERI、PASCHAL、SCHWING GMBH F、SCHWOERER ARTUR 和 MEVA 公司，仅德国 PERI 模板公司的专利申请量超过 1900 件，并在全球范围内开展了专利布局。

图 A.7 空中造楼机相关专利国外申请人排名图

4.2 空中造楼机技术输出分析

从中国以及外国专利布局来看，除奥地利籍的申请人外，多数国家的申请人主要在本土进行专利申请，较少开展国际专利申请，主要与本国市场大小有关。相对国外专利，中国专利申请量巨大，主要由中国籍申请人申请，德国企业如 PERI 模板公司非常重视中国市场，在中国积极开展专利布局，主要集中在建筑模板领域。

4.3 空中造楼机热点技术分析

从国内空中造楼机各相关技术分支申请数量趋势（图 A.8）看到，平台升降技术分支技术从 2018 年之后呈现爆发式增长，并在 2020 年达到申请高峰，近几年的专利年申请量也明显多于其他分支。

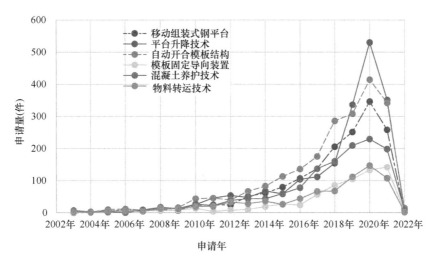

图 A.8 国内空中造楼机各相关技术分支发展趋势图

从国外空中造楼机领域各相关技术分支发展趋势（图 A.9）看，移动组装式钢平台系统整体结构的专利年申请量低，仅在 2018 年的年申请量超过 10 件。但模板技术和混凝土养护技术在 2018 年达到高峰。

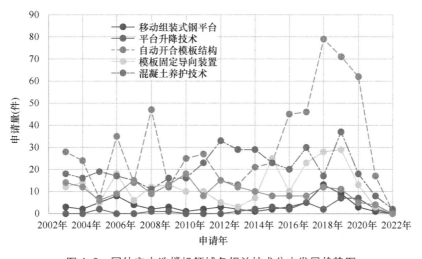

图 A.9 国外空中造楼机领域各相关技术分支发展趋势图

以空中造楼机关键技术为例，表 A.3～表 A.14 列出了空中造楼机相关技术分支国内外关联性最强的专利。需要注意的是，表中最后一列代表该专利被其他专利所引用的次数。专利的被引证是指目标专利为其他专利所引用，被引证的次数客观上反映了该专利的基础和核心，次数越多越能反映其他专利是基于该专利进行了改进或其他专利与该专利高度相关。一般规定专利被引用 3 次以上的为核心专利，或者对于专利数量少的技术领域，选择高度相关的专利为核心专利，再从中人工解读最相关的技术后进行分析。

国内移动组装式钢平台系统整体结构相关专利 表 A.3

公开（公告）号	标题	申请人	申请日	引用次数
CN106150079B	空中造楼机	深圳市卓越工业化智能建造开发有限公司	2016/7/14	4
CN104563504B	一种空中造楼机	卓越置业集团有限公司	2013/10/11	3
CN203514814U	一种空中造楼机	卓越置业集团有限公司	2013/10/11	4
CN205531252U	一种可自动升降钢结构楼面施工平台	深圳市卓越工业化智能建造开发有限公司	2016/2/29	
CN205531262U	一种可自动升降钢结构施工平台	深圳市卓越工业化智能建造开发有限公司	2015/11/23	
CN203514789U	一种超高层钢管柱内混凝土浇筑施工钢平台	浙江省建工集团有限责任公司	2013/9/24	
CN215055167U	一种行走式钢平台	方远建设集团股份有限公司	2021/4/14	
CN213572927U	一种可调节尺寸及可周转移动钢平台	中国建筑第四工程局有限公司，中建四局第六建设有限公司	2020/6/30	
CN112360131A	超高层变平面施工可拆卸整体提升钢平台系统及施工方法	江苏晟德机械设备有限公司	2020/11/4	
CN112360135A	面向整体钢平台模架施工全天候钢平台系统及施工方法	江苏晟德机械设备有限公司	2020/11/4	
CN212453558U	一种无支撑自持型钢平台	中建四局第三建设有限公司	2020/4/30	
CN209411720U	一种整体爬升的全封闭式钢平台	筑梦高科建筑有限公司	2018/9/29	
CN208870379U	楼板同步施工的整体提升钢平台系统	上海建工一建集团有限公司	2018/3/12	
CN108756258A	面向整体钢平台模架施工的全天候钢平台系统及方法	上海建工集团股份有限公司	2018/9/25	2
CN207903788U	一种钢柱筒架交替支撑式钢平台与塔吊同步提升装置	上海建工四建集团有限公司	2017/12/29	1

续表

公开 （公告）号	标题	申请人	申请日	引用次数
CN108331336A	楼板同步施工的整体提升钢平台系统及其施工方法	上海建工一建集团有限公司	2018/3/12	3
CN108190757A	一种筒架支撑式钢平台与塔吊整体顶升装置及其顶升方法	上海建工四建集团有限公司	2017/12/29	3
CN201598833U	可调距的全拼装建筑钢平台	江苏双楼建设集团有限公司	2010/1/25	6
CN110182694A	一种应用于落地式和自爬式整体施工作业平台	深圳市协鹏建筑与工程设计有限公司福田分公司	2019/6/4	1
CN109162447A	爬升钢平台支撑装置及其使用方法	上海建工一建集团有限公司	2018/10/11	3
CN211037777U	一种超高层结构安装用装配式操作平台	国创建设工程有限公司	2019/10/15	
CN109162447A	爬升钢平台支撑装置及其使用方法	上海建工一建集团有限公司	2018/10/11	3

国外移动组装式钢平台系统整体结构相关专利　　　　表 A. 4

公开（公告）号	标题	标题（翻译）	申请人	申请日	引用次数
DE102007018853A1	Self-climbing system for use in area of construction engineering, has platform and main platform for carrying out formwork operation, and railing element is fixed below main platform and in position of self-climbing system	用于建筑工程领域的自爬升系统，具有用于进行模板操作的平台和主平台，栏杆元件固定在主平台下方和自爬升系统的位置	DOKA IND GMBH	2007/4/20	10
GB2502299A	Method of automatically constructing a tall building such as a sky scraper or high rise tower	自动建造高层建筑的方法，如摩天大楼或高塔	DHILLON INDERJIT SINGH	2012/5/21	5
DE202019001296U1	Shuttering platform	模板平台	DOKA GMBH	2019/3/19	
EP2557252A1	Work platform and method for securely setting up a support frame tower	用于牢固设置支撑架塔的工作平台和方法	PERI GMBH	2011/8/8	8
ES2344429T3	Servicing platform with connection to a pillar	与支柱连接的维修平台	PERI GMBH	2006/11/28	
AT467736T	Work platform with column binding	与立柱绑定的工作平台	PERI GMBH	2006/11/28	

续表

公开（公告）号	标题	标题（翻译）	申请人	申请日	引用次数
EP1977057A1	Work platform with post attachment	带立柱附件的工作平台	PERI GMBH	2006/11/28	
KR100647977B1	Lifting method of a formwork working platform equipped with removable cylinder and mobile hydraulic pump	配有可拆卸油缸和移动液压泵的模板工作平台的提升方法	PERI (KOREA) LTD	2005/9/15	10
EP1500754A2	Improvements in or relating to an access platform	一种改进的接入平台	SGB SERVICES LIMITED	2004/7/26	8
DE3844977C2	Stepping moving platform on building wall	附墙踏步爬升的移动平台	PERI WERK SCHWOERER KG ARTUR	1988/12/14	
DE59500165D1	Work platform	工作平台	PERI GMBH	1995/1/3	
DE4447467A1	Working Platform	工作平台	PERI GMBH	1994/2/19	
DE9421413U1	Working Platform	工作平台	PERI GMBH	1994/2/19	
DE4114530A1	Work platform support brackethas supporting bolt on wall bracket which can be laterally adjusted to accommodate slight errors in setting dot	工作平台支架-在墙上支架上有支撑螺栓，可以横向调整，以适应设置点的微小误差	PERI GMBH	1991/5/3	2
DE59201255D1	Work platform for column formwork	用于柱模板的工作平台	PERI GMBH	1992/4/27	
US5000287A	Displaceable platform movable sectionwise on a wall	可在墙上分段移动的可移动平台	PERI GMBH	1989/12/14	22

国内平台升降技术相关专利　　　　　表 A.5

公开（公告）号	标题	申请人	申请日	引用次数
CN111255776B	超高层建筑整体钢平台模架液压控制系统及方法	上海建工集团股份有限公司	2020/5/7	
CN208586895U	一种液压爬升平台附墙装置	上海建工集团股份有限公司	2018/6/29	
CN106437126A	一种落地式液压升降脚手架导向承力装置及拆卸方法	江苏乐创建筑科技有限公司	2016/8/24	
CN109184202A	一种基于液压爬升模板技术用高安全性工作平台	筑梦高科建筑有限公司	2018/8/22	
CN106320698A	高层建筑液压爬模施工的可旋转附墙装置	上海宝冶集团有限公司	2015/7/10	1

公开（公告）号	标题	申请人	申请日	引用次数
CN106812308A	超高层液压爬模机位遇阻平面位移施工方法	江苏揽月工程科技发展股份有限公司	2016/6/7	
CN207144442U	一种落地式液压升降脚手架导向承力装置	江苏乐创建筑科技有限公司	2016/8/24	
CN111236629A	超高层建筑拉索式柔性钢平台模架及提升方法	上海建工集团股份有限公司	2019/12/27	
CN112360131A	超高层变平面施工可拆卸整体提升钢平台系统及施工方法	江苏晟德机械设备有限公司	2020/11/4	
CN108331336A	楼板同步施工的整体提升钢平台系统及其施工方法	上海建工一建集团有限公司	2018/3/12	3
CN201269230Y	建筑施工钢平台整体顶升爬模液压同步集成控制系统	上海建工股份有限公司	2008/5/20	15
CN1904291A	一种整体爬模平台系统	深圳市特辰升降架工程有限公司	2005/7/27	8
CN1664273A	一种整体提升爬模平台系统及其操作方法	深圳市特辰升降架工程有限公司	2005/3/10	16
CN114232970A	超高层自升降附着悬挑式层间物料转运平台的安装方法	上海建工集团股份有限公司	2021/12/30	
CN215760323U	一种用于建筑工程楼层平台施工用升降装置	中国三冶集团有限公司	2021/5/7	
CN113216584A	一种用于建筑工程楼层平台施工用升降装置	中国三冶集团有限公司	2021/5/7	
CN212656543U	一种用于爬模架体中的可伸缩平台	厦门安科科技有限公司	2020/7/6	
CN209244233U	一种可自动升降钢结构楼面施工平台	杜东东	2018/12/18	
CN205531252U	一种可自动升降钢结构楼面施工平台	深圳市卓越工业化智能建造开发有限公司	2016/2/29	
CN112049830A	一种用于建筑机械和建筑施工装备同步升降系统	深圳市卓越工业化智能建造开发有限公司	2020/9/14	
CN111910912A	一种用于建筑机械和建筑施工分组同步升降结构	深圳市卓越工业化智能建造开发有限公司	2020/9/2	
CN110255387A	一种用于建筑机械和建筑施工同步升降结构及升降方法	深圳市协鹏建筑与工程设计有限公司福田分公司	2019/6/13	
CN104555829A	自动传动装置	卓越置业集团有限公司	2013/10/11	
CN205531262U	一种可自动升降钢结构施工平台	深圳市卓越工业化智能建造开发有限公司	2015/11/23	

续表

公开（公告）号	标题	申请人	申请日	引用次数
CN205531264U	可自动升降附墙稳定支撑装置	深圳市卓越工业化智能建造开发有限公司	2016/3/17	1
CN205531351U	可自动升降防外模水平移动钢结构平台	深圳市卓越工业化智能建造开发有限公司	2016/3/11	
CN104563505B	外墙与保温层一体化建筑方法及外墙装修升降平台	卓越置业集团有限公司	2013/10/11	

国外平台升降技术相关专利 表 A.6

公开（公告）号	标题	标题（翻译）	申请人	申请日	引用次数
US20170089082A1	Apparatus and method for lifting and sliding a structure attached to the wall	用于提升和滑动附接在墙壁上的结构的装置和方法	广州市建筑工程有限公司，上海业盛机电控制技术有限公司	2016/12/9	4
WO2018154030A1	Method for erecting a concrete structure and climbing formwork	一种建造混凝土结构和爬升模板的方法	DOKA GMBH	2018/2/23	2
EP1016618A1	Lift method and apparatus with floating lift cylinder attachment	带有浮动提升油缸附件提升方法和装置	GROVE US LLC	1999/10/27	5
US6390233B1	Method for a lifting apparatus with floating lift cylinder attachment	带有浮动提升油缸附件的提升装置的方法	GROVE US LLC	2000/9/13	2

国内自动开合模板结构技术相关专利 表 A.7

公开（公告）号	标题	申请人	申请日	引用次数
CN213449474U	一种新型整体水平开合式模板系统	深圳市卓越工业化智能建造开发有限公司	2020/9/2	
CN213268928U	一种用于模板开合的空间三角连杆机构	深圳市卓越工业化智能建造开发有限公司	2020/9/2	
CN212535059U	一种整体水平开合式模板系统	深圳市卓越工业化智能建造开发有限公司	2020/9/2	
CN211173121U	一种空中造楼机的模板自动脱扣装置	广东华楠骏业机械制造有限公司	2019/7/17	
CN203514779U	墙体成型模具	卓越置业集团有限公司	2013/10/11	
CN104100026A	免拆钢框架立体丝网模板现浇发泡混凝土复合墙体及施工方法	北京中联环环美轻钢结构安装有限公司	2014/7/18	18

续表

公开（公告）号	标题	申请人	申请日	引用次数
CN104744886A	一种增强泡沫免拆除建筑混凝土模板及其制造方法	陕西丰益瑞泽环保科技有限公司，陈耀明	2015/4/7	11
CN104387704A	耐候抗冲击聚氯乙烯木塑建筑模板及其制备方法	山东博拓塑业股份有限公司	2014/12/15	10
CN104032948A	钢木组合模板及施工方法	龙信建设集团有限公司	2014/6/30	10
CN104975716A	一种浇筑构造柱及圈梁混凝土免拆模壳的施工方法	江苏南通二建集团有限公司，江苏中润建设集团有限公司	2014/4/2	12
CN103758340A	一种木塑复合材覆面胶合板模板及其制备方法	东北林业大学	2014/2/20	18
CN103788543A	新型发泡建筑用木塑模板及其生产工艺	山东汇丰木塑型材有限公司	2014/1/22	14
CN103206089A	装配式铝合金模板体系施工方法	成军	2013/4/18	23
CN101863642A	复合免拆保温永久性模板及其生产方法	江苏华伟佳建材科技有限公司，江苏恒林保温材料研究发展有限公司	2010/5/18	15
CN101942158A	木塑建筑模板	鞍山大地建材科技发展有限公司	2010/9/9	20
CN202187547U	一种轻质高强度合金早拆模板体系	深圳汇林达科技有限公司	2011/6/17	12
CN101818573A	免拆模板浇注聚氨酯保温层墙体外保温工艺方法	哈尔滨天硕建材工业有限公司	2010/5/10	10
CN102071797A	纤维增强免抹灰免拆一体化保温模板和外墙保温施工工艺	郑州大学，郑州市第一建筑工程集团有限公司，河南省叶林建材有限责任公司	2010/12/30	28
CN201794296U	小板跨现浇梁密肋楼板早拆模板支模体系	杨峰，华汇工程设计集团有限公司	2010/9/28	10
CN201495768U	一种用于浇筑混凝土施工的免拆模板	北京宏凌技术开发有限公司，新疆宏凌节能科技有限公司	2009/9/29	15
CN101550736A	免拆模板现浇复合轻质墙体的方法及设备	顾小林	2009/5/13	14
CN201169912Y	建筑用框架结构复合材料平面模板单元	江苏双良复合材料有限公司	2007/12/17	23
CN1948665A	一种木塑复合材料建筑模板及其制备方法与用途	四川自强科技有限公司	2005/10/10	38
CN1512019A	现浇混凝土墙体免拆钢网模板及其应用	徐亚柯	2002/12/30	11
CN205713071U	一种模数化蜂窝型全工程塑料压注模板	深圳市卓越工业化智能建造开发有限公司	2016/2/26	

国外自动开合模板结构技术相关专利　　　　　　　　表 A. 8

公开（公告）号	标题	标题（翻译）	申请人	申请日	引用次数
KR200479596Y1	Apparatus for shielding open area of gang form in construction	建筑用钢模板露天区域屏蔽装置	KIM DOO JIN	2015/11/19	12
US20140263941A1	Early-removal formwork system for concreting of constructions comprising beams，plates and columns	用于梁、板和柱结构混凝土浇筑的早期拆除模板系统	JIANHUA ZHANG	2012/7/18	21
US5788875A	Device for a detachable securing of formwork boards	用于模板可拆卸的固定装置	WALSER，HANS PETER	1997/2/28	19
GB1520259A	Demountable and extensible metal shuttering for the concreting of pillars walls and girders	用于柱、墙和梁混凝土浇筑的可拆卸和可扩展的金属模板	MAQUINARIA Y UTILES PARA LA CONSTRUCTION SA	1975/11/27	13
EP2816175A1	Shuttering tie holder，shuttering tie as well as shuttering element for receiving the same	模板拉杆支架，模板拉杆以及用于连接的支架原件	DOKA GMBH	2014/6/17	12
US10053875B1	Formwork support system and formwork support prop	模板支撑系统及模板支撑支柱	DOKA GMBH	2017/7/10	17
EP2472057A2	Formwork for concreting the inner lining of tunnels	隧道内衬混凝土浇筑模板	PERI S A SOCIEDAD UNIPERSONAL	2011/12/29	18
DE102005030333A1	Divisible the climbing shoe，a climbing form	一种爬升架的可分离踏步	PERI GMBH	2005/6/29	12
DE102012203678A1	Device for fastening armature bar of formwork tie of concrete wall formwork used in construction of building with formwork element，has threaded nut that is adjusted relative to threaded sleeve between end positions along rotation axis	用于将建筑施工中使用的混凝土墙模板的模板拉杆的电枢杆与模板构件固定在一起的装置，具有螺纹螺母，该螺母可相对于沿旋转轴的末端位置之间的螺纹套筒进行调整	PERI GMBH	2012/3/8	14
DE102010002108A1	Anchoring system，a concrete wall formwork	一种混凝土墙模板的固定系统	PERI GMBH 89264 WEI βENHORN DE	2010/2/18	27

公开（公告）号	标题	标题（翻译）	申请人	申请日	引用次数
DE102009055690A1	Shuttering mounting	模板安装	PERI GMBH	2009/11/25	11
FR2842848A1	Ceiling shuttering panel supporting system has groups of secondary supports for panels mounted on primary supports and connected by bars	楼板模板支撑系统，具有一组辅助支架，用于安装在主支架上并通过杆连接	PERI GMBH	2003/7/28	11
DE102007004226B3	Anchoring system，a concrete wall formwork	一种混凝土墙模板的固定系统	PERI GMBH	2007/1/27	12
KR100647977B1	Lifting method of a formwork working platform equipped with removable cylinder and mobile hydraulic pump	配有可拆卸油缸和移动液压泵的模板工作平台的提升方法	PERI（KOREA）LTD	2005/9/15	10
WO2005040526A1	Formwork system	模板系统	PERI GMBH	2004/10/20	29
US20040129857A1	Concrete wall form with flexible tie system	具有柔性连接系统的混凝土墙模板	SYMONS CORPORATION	2003/1/7	40
US6715729B2	Overhanging form system and method of using the same	悬挑模板系统及其使用方法	SYMONS CORPORATION	2001/2/15	12
US6676102B1	Adjustable modular form system and method for rectilinear concrete column form	一种用于直线混凝土柱模板的可调式模块化模板系统及方法	SYMONS CORPORATION	2000/2/18	20
US6605240B2	Over the top hinged concrete form and method of using the same	上部铰接的混凝土模板及其使用方法	SYMONS CORPORATION	2001/2/16	21
US6109191A	Formwork table arrangement especially for ceilings and intermediate floors	用于楼板和地板之间的模板台专用装置	PERI GMBH	1999/3/26	13
US5562845A	Concrete form and self-contained waler clamp assembly	混凝土模板和独立式 Waler 夹具总成	SYMONS CORPORATION	1994/9/27	11
US5509635A	Formwork with form panels and connecting means	带模板面板和连接装置的模板	MAIER G PASCHAL WERK	1994/6/30	12
US5492303A	Formwork for surfaces varying in curvature	用于曲率变化墙面的模板	MAIER G PASCHAL WERK	1993/11/18	32
US5369851A	Clamp for connecting the sections at the edges of formwork panels	连接模板边缘部分的夹具	MAIER G PASCHAL WERK	1993/9/2	16

公开（公告）号	标题	标题（翻译）	申请人	申请日	引用次数
US5273251A	Frame for concrete forms	混凝土模板框架	MAIER G PASCHAL WERK	1991/6/18	18
US5083739A	Concrete form support bracket for bridge overhang decks	桥梁悬挑桥面混凝土模板支架	SYMONS CORP	1990/12/17	27
US5060903A	Telescopic shuttering support	伸缩式模板支架	PERI GMBH	1990/3/22	13
US5029803A	Device for adapting a formwork element to given radii of a circular formwork	用于使模板元件适应于圆形模板给定半径的装置	PERI GMBH	1990/1/5	10
USD0317250S	Bracket for concrete forms	混凝土模板支架	SYMONS CORP	1989/1/13	17
DE3004245A1	System-ceiling boarding mit drop head	楼板模板 MIT 下降头系统	PERI WERK SCHWOERER KG ARTUR	1980/2/6	17
DE2825710A1	Connection between concreting formwork panels - includes hooks on clamp guide stirrup locking behind protrusions on element	混凝土模板模架之间的连接-包括与箍筋连接的挂钩夹具，并锁定在模架后面	PERI WERK SCHWOERER KG ARTUR	1978/6/12	11
US4070845A	Multi-purpose concrete formwork structural member with novel facilities for extending the effective length thereof	多功能混凝土模板结构构件，具有延长其有效长度的新型设施	SYMONS CORP	1976/6/21	36
US4055321A	Inside concrete corewall form with particular three-way hinge assemblies therefor	具有特定三向铰链组件的混凝土核心筒内模板	SYMONS CORP	1976/12/6	37
US4043087A	Method and means for supporting an elevated concrete wall panel form	支撑高架混凝土墙板模板的方法和装置	SYMONS CORPORATION	1975/12/8	11
US4036466A	Flying deck-type concrete form installation	飞行甲板式混凝土模板安装	SYMONS CORPORATION	1975/4/16	52
US4034957A	Concrete formwork including I-beam support	混凝土模板包括工字梁支架	SYMONS CORP	1976/2/17	36
US4030694A	Composite concrete wall form unit with a special transition bolt	带特殊过渡螺栓的混凝土墙体组合模板	SYMONS CORP	1976/7/14	26

续表

公开（公告）号	标题	标题（翻译）	申请人	申请日	引用次数
US3981476A	Spreader clip assembly for a concrete wall form	用于混凝土墙模板的吊具夹组件	SYMONS CORPORATION	1975/2/6	29
US3972501A	Spreader bar assembly for a concrete wall form	用于混凝土墙体模板撑杆组件	SYMONS CORPORATION	1975/1/27	16

国内模板固定与导向装置技术相关专利　　　　　　表 A.9

公开（公告）号	标题	申请人	申请日	引用次数
CN213449511U	一种内模板组件定位及微调装置	深圳市卓越工业化智能建造开发有限公司	2020/9/2	
CN211114796U	一种造楼机的模板自动对位装置	广东华楠骏业机械制造有限公司	2019/7/1	
CN208885001U	建筑工程模板固定装置	刘淞源	2018/10/16	6
CN207392795U	模板支撑杆用固定装置	郑州天维模板有限公司	2017/10/23	5
CN204357124U	一种建筑施工用的模板夹紧固定装置	陈丹燕	2014/11/20	9
CN103939444A	一种快速连接件、模板快速固定结构及快速连接方法	张红亮，刘红艳	2014/3/27	8
CN202559724U	建筑施工移动模板定位装置	浙江东正建设实业集团有限公司	2012/5/2	5
CN202467183U	钢筋混凝土梁钢模板的夹紧固定装置	中国三冶集团有限公司第一建筑工程公司	2012/2/15	7
CN102080383A	悬空式预埋件、预留孔洞模板固定方法	中国二十二冶集团有限公司，中冶京唐第一建设有限公司	2010/12/31	6
CN201991232U	连接固定建筑浇筑模板的夹具	阮中亮	2011/3/21	5
CN201857754U	曲面模板安装定位装置	中国一冶集团有限公司	2010/10/9	5
CN201535068U	混凝土现浇模板一体化体系中保温板与钢模板的固定设备	中国建筑科学研究院	2009/8/21	5
CN201401010Y	预置螺母式型钢混凝土组合柱模板固定装置	江苏省华建建设股份有限公司	2009/4/15	5
CN201043353Y	一种建筑模板	中国建筑第七工程局	2007/6/7	5
CN201043354Y	整体式建筑模板及模板托架	北京卓良模板有限公司	2007/4/28	10
CN1108725A	一体浇灌混凝土固封窗框的模具及施工方法	庄永川	1995/1/5	14
CN88201062U	定型组合模板	中国国际工程和材料公司脚手架公司	1988/1/29	10

国外模板固定与导向装置技术相关专利　　　　　　　　　表 A. 10

公开（公告）号	标题	标题（翻译）	申请人	申请日	引用次数
US5657601A	Form tie rod spacer assembly for stay-in-place forms	用于固定模板的模板横拉杆垫片组件	USA AS REPRESENTED BY THE SECRETARY OF THE ARMY	1995/9/21	37
DE3621645A1	Template for positioning plastering guides	用于定位抹灰导向的模板	KOECHER EDGAR	1986/6/27	5
EP2990564A1	Device and method for guiding a carrier for a formwork or protecting element	用于引导模板或保护元件的载体的装置和方法	DOKA GmbH	2014/8/27	7
EP2789772A1	Holder for a guide sleeve of a climbing system for concrete formwork	混凝土模板爬升系统导套支架	MEVA SCHALUNGS SYSTEME GMBH	2013/4/9	5
DE102010015388A1	Ridge pivot for pivottable connection of two trussed beams in weather protection roof of building, has guide bar formed in such manner that upper belts of trussed beams rotate relative to each other around rotational axis	屋脊枢轴，用于建筑物防风雨屋顶中两个桁架梁的可旋转连接，具有导杆，导杆使桁架梁的上部可围绕旋转轴彼此旋转	PERI GMBH 89264 WEIBENHORN DE	2010/4/19	5
WO2009117986A1	Track-guided self-climbing shuttering system with climbing rail extension pieces	带有攀爬轨道延伸件的轨道引导自攀爬模板系统	PERI GMBH, SCHWOERER ARTUR	2009/3/21	23
DE202008013030U1	Roller block, in particular for guiding and fixing a mounting stage via a running rail	滚轮组，用于特定的通过导轨引导和固定的安装平台	PERI GMBH	2008/10/1	5
DE102006015348A1	Floor slab formwork system has multiple formwork element, and head of vertical support has anti-lift safety device fixes bearing of form work element in vertical direction	楼板模板系统具有多个模板构件，垂直支架的头部具有防翘安全装置，用于在垂直方向固定模板构件的支座	PERI GMBH	2006/4/3	15
DE10243356A1	Method for fitting safety railing to demountable scaffold has vertical supports clamped parallel to the scaffold vertical supports and with clamping fittings to the plank supports	将安全栏杆安装到可拆卸脚手架上的方法，具有与脚手架垂直支架平行夹紧的垂直支架，以及与木板支架的夹紧配件	PERI GMBH	2002/9/18	9

续表

公开（公告）号	标题	标题（翻译）	申请人	申请日	引用次数
WO2007000139A1	Rail-guided climbing system	轨道导向的攀爬系统	PERI GMBH；SCHWOERER ARTUR	2006/6/20	16
DE10336414A1	Anchor system for concrete shuttering has anchor rod with fixing elements at ends with associated locking device and counter element for force locking contact without need for spacers	具有锚杆的混凝土模板固定系统，其端部带有固定元件和相关锁定装置，以及用于力锁定接触的反向元件，无需垫片	PERI GMBH	2003/8/8	14
DE10324022A1	Method for fitting support plate to top of strut for concrete shuttering has self locating profiles and with a locking system to secure to fitting	用于将支撑板安装到混凝土模板支柱顶部的方法，具有自定位轮廓，并具有用于固定到配件的锁定系统	PERI GMBH	2003/5/27	6
DE10240372A1	Circular shuttering has skin of adjustable curvature supported by supports and fixing flanges with intermediate members in between so that flanges can swivel on latter about longitudinal extension	具有可调曲率面板的圆形模板，由支架和固定法兰支撑，中间有中间构件，以便法兰接头可以围绕纵向轴线方向旋转延伸	MAIER G PASCHAL WERK	2002/9/2	7
DE10047203A1	Turnbuckle device to clamp concrete shell elements; has holders for frame sections with fixed and pivoting claws and-wedge to restrict device in pivot area of pivoting claw, to clamp device	用于夹紧混凝土模壳元件的螺丝扣装置；具有用于固定和旋转的爪和楔块，用于将装置限制在旋转爪的旋转区域内，以夹紧装置	PERI GMBH	2000/9/23	10
DE19922005A1	Ledge working arrangement has working platform fixed to frame via crossbeam; platform bottom is rigidly attached via supporting elements to bracket for attachment to underside of ledge	一种壁架工作装置，工作平台通过横梁固定在框架上，平台底部通过支撑元件刚性地连接到支架上，再连接到壁架的底面	PERI GMBH	1999/5/12	10
US5570500A	Clamp for connecting form panels with clamping jaws urging sections of panels together at their edges	一种用于连接模板的夹具，带有夹紧爪，夹紧爪可将模板的边缘压在一起	MAIER G PASCHAL WERK	1995/1/20	36

续表

公开（公告）号	标题	标题（翻译）	申请人	申请日	引用次数
DE4207749C1	Shuttering or scaffolding/part fastener to bar section-has spring-loaded toggle lever, swivelable about axis, orthogonal to head plate and has spring loaded spacers	模板或脚手架/零件紧固件与杆件之间具有弹簧加载的拨动杆，与顶板垂直，可绕轴旋转，并具有弹簧垫片	Peri GmbH	1992/3/11	10
DE3604252A1	Fastening device for concrete shuttering elements	用于混凝土模板构件的紧固装置	PERI WERK ARTUR SCHWOERER GMBH CO KG	1986/2/11	9
US4799330A	Sash locking and sealing assembly	固定和密封的窗框总成	EFCO CORP	1987/6/8	13
US4682799A	Latch lock mechanism	闩锁机构	EFCO MFG	1985/6/10	19
WO8501771A1	Latch lock mechanism	闩锁机构	EFCO MFG	1984/10/19	14
DE3312294C1	Device for fixing a climbing form to concrete walls	将爬模固定在混凝土墙壁上的装置	PERIWERK SCHWOERER KG ARTUR	1983/4/5	8
DE3148217A1	Device for fastening longitudinal supports to crossbeams	将纵向支架固定至横梁的装置	PERI WERK ARTUR SCHWOERER GMBH CO KG	1981/12/5	11
US4235560A	Transition bolt for clamping together the side rails of concrete wall formpanels or the like	用于将混凝土墙模板或类似物体夹紧在一起的过渡螺栓	SYMONS CORP	1977/1/21	15
US4228986A	Attachment for anchoring a safety belt	固定安全带的附件	SYMONS CORP	1979/3/12	8
US4210306A	Safety key and locking means therefor for use with concrete wall form panels	用于混凝土墙体模板的锁定装置及安全扣	SYMONS CORP	1978/5/18	18
US4102108A	Fastening means for a load-bearing structure	用于承载结构的紧固装置	SYMONS CORP	1977/3/14	35
US3965542A	Latch-equipped, SHE-bolt gripper device for a concrete wall from tie rod	用于混凝土墙体模板拉杆的配有闩锁的 SHE 螺栓夹紧装置	SYMONS CORP	1975/1/27	40

续表

公开（公告）号	标题	标题（翻译）	申请人	申请日	引用次数
US3965543A	SHE-bolt type gripper device for concrete wall form tie rods of indeterminate length	一种不定厚度混凝土墙体模板拉杆用 SHE 螺栓夹紧装置	SYMONS CORP	1975/1/27	28
US3910546A	SHE-bolt type gripper device for a concrete wall form tie rod	用于混凝土墙体模板拉杆的 SHE 螺栓夹紧装置	SYMONS CORP	1974/11/22	35
US3867043A	Brace lock assembly for scaffolding	脚手架撑锁组件	SYMONS CORP	1973/11/29	6
US3712576A	Waler clamping assembly for a concrete wall form	用于混凝土墙体模板的 Waler 夹紧组件	SYMONS CORPORATION	1971/4/16	31
US3690613A	Concrete wall form installation with particular tie rod securing means therefor	具有特定拉杆固定装置的混凝土墙体模板装置	SYMONS CORP	1970/10/8	29

国内混凝土养护技术相关专利　　　　　　　表 A.11

公开（公告）号	标题	申请人	申请日	引用次数
CN108457274A	一种未拆除木模板泵站流道混凝土的保湿喷淋养护智能化方法	湖北大禹水利水电建设有限责任公司，武汉大学	2018/3/19	5
CN108068206A	混凝土养护的喷淋管网支撑装置及其自动化养护系统	中铁一局集团天津建设工程有限公司	2017/12/19	3
CN107584644A	温湿风耦合作用复杂环境混凝土保湿喷淋养护自动化方法	武汉大学	2017/9/28	4
CN207175800U	一种自动补水混凝土养护装置	中国建筑股份有限公司，中国建筑第五工程局有限公司，北京中建柏利工程技术发展有限公司	2017/6/19	3
CN107020687A	风速-温度-湿度三场可调控的混凝土养护系统及方法	河海大学	2017/4/21	4
CN206801065U	一种侧墙混凝土自动养护装置	中铁二局集团有限公司，中铁二局第六工程有限公司	2017/6/1	2
CN206769424U	一种混凝土自动喷淋养护装置	中国建筑股份有限公司，中国建筑第五工程局有限公司，北京中建柏利工程技术发展有限公司	2017/5/16	6

续表

公开（公告）号	标题	申请人	申请日	引用次数
CN206718123U	一种混凝土养护全自动化智能控制装置	青海送变电工程公司，国家电网公司直流建设分公司	2017/4/25	2
CN104772816A	混凝土养护自动控制喷淋系统及方法	中国铁建大桥工程局集团有限公司	2015/5/5	9
CN206127140U	一种混凝土自动抽水养护装置	中国水利水电第五工程局有限公司	2016/11/4	2
CN105256998A	一种现场混凝土竖向结构循环用水的自动养护方法	广西建工集团第三建筑工程有限责任公司	2015/9/22	6
CN103728890A	一种混凝土墙面自动喷雾淋水养护的控制方法及系统	河海大学	2013/12/19	9
CN204920254U	一种大面积混凝土定型化自动喷淋养护设备	浙江新中源建设有限公司	2015/8/14	8
CN103526761B	大体积混凝土自动温控、养护装置及方法	中国一冶集团有限公司	2013/10/24	16
CN203818303U	大面积混凝土自动喷淋养护系统	唐山曹妃甸二十二冶工程技术有限公司	2014/4/26	2
CN203684228U	混凝土自动温控、养护装置	中国一冶集团有限公司	2013/10/24	11
CN202727080U	混凝土自动定时洒水养护装置	中国水利水电第五工程局有限公司	2012/8/29	2
CN202241559U	一种混凝土自动喷淋养护系统	宿迁华夏建设（集团）工程有限公司，江苏兴邦建工集团有限公司，高行友	2011/9/8	23
CN201669782U	混凝土自动化滴灌养护装置	郑州市第一建筑工程集团有限公司	2010/5/10	2
CN101570038A	活性粉末混凝土温度自动控制养护系统	北京惠诚基业工程技术有限责任公司	2009/5/22	5
CN101462301A	节能型温控自动补水及循环热水混凝土养护方法	上海市基础工程公司	2007/12/20	7

国外混凝土养护技术相关专利　　　　　　　　　　表 A. 12

公开（公告）号	标题	标题（翻译）	申请人	申请日	引用次数
KR102303169B1	Artificial intelligence concrete wet curing management system	人工智能混凝土湿养护管理系统	ITRO CO LTD	2021/2/24	3
JP2018059327A	Spraying system of water for concrete curing and method of spraying of water for concrete curing	混凝土养护用水喷洒系统和喷洒方法	YOKOGAWA BRIDGE CORP	2016/10/5	4

续表

公开（公告）号	标题	标题（翻译）	申请人	申请日	引用次数
BRPI1900715A2	Automatic remote monitoring system accompanying curing of the concrete	混凝土养护实时自动远程监控系统	X RIOT DO BRASIL LTDA	2019/1/14	3
JP2014181524A	Wet-curing method of concrete structure side face	混凝土结构侧面湿养护方法	KAJIMA CORP	2013/3/21	2
KR1020160144736A	Cold-weathering concrete curing method by hot-air circulation	冷风化混凝土热风循环养护法	SAMSUNG C T CORP	2015/6/9	3
JP2013252983A	Managerial system for concrete curing based on temperature stress analysis	基于温度应力分析的混凝土养护管理系统	TAKENAKA DOBOKU CO LTD, KEISOKU GIKEN KK	2012/6/6	7
JP2014020069A	Curing method of concrete	混凝土养护方法	KAJIMA CORP	2012/7/17	12
JP2013036191A	Auto drain, drainage mechanism using the same, and submerged curing system for concrete	采用自动排水及其设施的混凝土浸没养护系统	HAZAMA CORP	2011/8/5	5
JP4964984B1	Placing the curing of the concrete curing method and device	浇筑混凝土的养护方法和装置	AKUTIO INC591075630	2010/12/27	4
US20120077007A1	Concrete curing blanket and method of curing concrete	混凝土养护毯和养护混凝土方法	STEPHEN F MCDONALD, RICHARD D JORDAN	2010/9/23	8
KR101105095B1	Electric curing apparatus and concrete curing system for out of use water and steam	免用水和蒸汽的电动养护装置和混凝土养护系统	KIM CHAN HAN	2010/10/26	4
US20070084508A1	Portable system for automatically and periodically applying moisture to curing concrete	用于自动定期向被养护混凝土施加水分的便携式系统	COTTER JERRY	2005/10/14	7
US20100038818A1	Concrete curing blanket	一种混凝土养护毯	MCDONALD STEPHEN F	2009/6/25	14
US20100025886A1	Concrete curing blanket, method of making same, and method of curing concrete	混凝土养护毯的制造方法和混凝土养护方法	CARROLL MICHAEL E	2008/7/31	11
KR1020090086825A	Heating system for concrete curing	混凝土养护加热系统	KIM CHANG GIL	2008/2/11	5
US20050214507A1	Concrete curing blanket	一种混凝土养护毯	MCDONALD STEPHEN F	2005/3/9	20

续表

公开（公告）号	标题	标题（翻译）	申请人	申请日	引用次数
US20090148596A1	Concrete curing blanket, method of making same, and method of curing concrete	混凝土养护毯的制造方法和混凝土养护方法	CARROLL MICHAEL E, MCDONALD STEPHEN F	2007/12/7	13
US20030157302A1	Concrete cure blanket having reflective bubble layer	具有反射气泡层的混凝土养护毯	HANDWERKER GARY	2002/2/19	19
US20080258341A1	Lightweight single-use concrete curing system	轻质一次性混凝土养护系统	PARKES NIGEL, BOXALL RUSSELL, HARRIS PHILIP EDWARD, BILTON RICHARD JAMES	2006/6/8	12
US20080054519A1	Method of Curing Concrete	混凝土养护方法	MCDONALD STEPHEN F, ABITZ PETER R	2007/10/26	6
JP2001020524A	Concrete curing temperature monitoring device	混凝土养护温度监测装置	SEKISUI HOUSE LTD	1999/7/7	14
US6819121B1	Method and apparatus for measurement of concrete cure status	用于测量混凝土养护状态的方法和装置	MATERIAL SENSING INSTRUMENTATION INC	2002/10/23	27
JP2003252691A	Method and apparatus for curing concrete	用于混凝土养护的方法和装置	YORIN KENSETSU KK	2002/3/4	20
JP06285832A	Mat for curing concrete	混凝土养护垫	TODA CONSTRUCTION	1993/4/2	23
US5780367A	Reflective summer cure blanket for concrete	夏季反射式混凝土养护毯	HANDWERKER, GARY	1997/1/16	66
US5707179A	Method and apparatus for curing concrete	混凝土养护方法及装置	BRUCKELMYER, MARK	1996/3/20	37
US5143780A	Hydrated fibrous mats for use in curing cement and concrete	水泥和混凝土养护用含水纤维垫	BALASSA LESLIE L	1990/11/9	35
US4485137A	Concrete curing blanket	混凝土养护毯	WHITE RICHARD L, REEF IND INC	1983/2/3	58

续表

公开（公告）号	标题	标题（翻译）	申请人	申请日	引用次数
US3676641A	Apparatus for assisting in the curing of concrete and for heating	混凝土养护和加热辅助设备	WALLACE A OLSON	1971/1/15	26
US3659077A	Apparatus for the curing of concrete	混凝土养护设备	WALLACE A OLSON	1971/1/15	71

国内物料转运技术相关专利　　　　　　　　　　　　　表 A.13

公开（公告）号	标题	申请人	申请日	引用次数
CN215889404U	一种超高层建筑施工竖向综合运输装置	富利建设集团有限公司	2021/7/26	
CN111814363B	与钢平台一体化的混凝土布料机智能布料方法	上海建工集团股份有限公司	2020/9/9	
CN215291535U	一种高稳定性高空输送专用混凝土泵车	长垣市农建机械设备有限公司	2021/6/21	
CN209369359U	一种布料机与爬升钢平台连接结构	北京市建筑工程研究院有限责任公司	2018/11/21	
CN210620114U	一种超高层混凝土泵送工程用升降运输装置	武汉天衣新材料有限公司	2019/7/29	
CN110617191A	一种混凝土输送泵的气动泵射方法	潘显敏	2019/10/9	
CN110043037A	一种便于高空输送的水泥泵车	中铁建工集团有限公司	2019/5/15	1
CN202611251U	一种用于高层建筑混凝土运输地泵管的加固卡具	天津二十冶建设有限公司	2012/4/24	1

国外物料转运技术相关专利　　　　　　　　　　　　　表 A.14

公开（公告）号	标题	标题（翻译）	申请人	申请日	引用次数
WO2015165344A1	Rotary hydraulic system and concrete conveying pump apparatus	一种回转液压系统及混凝土输送泵设备	SANY AUTOMOBILE MANUFACTURING CO LTD	2015/4/21	2
EP1978249A1	A distribution valve for concrete transport pump	一种分配用于混凝土输送泵阀	SANY HEAVY INDUSTRY CO LTD	2006/7/17	1
US20090065074A1	Distribution valve for concrete transport pump	混凝土输送泵分配阀	XI XIAOGANG, LI YONGWEI, JIANG JIANJUN	2006/7/17	
KR100785654B1	An apparatus for transporting concrete under pressure	一种在压力下运输混凝土的设备	HONG DOO HEE	2007/5/26	6

续表

公开（公告）号	标题	标题（翻译）	申请人	申请日	引用次数
WO2007082421A1	A distribution valve for concrete transport pump	用于混凝土泵的分配阀	SANY HEAVY INDUSTRY CO LTD, YI XIAOGANG, LI YONGWE, JIANG JIANJUN	2006/7/17	
KR19870000147A	Device for the pneumatic application of hardnable building material hydro mechanically transported in a highly viscous flow particularty of a hydraulically injected concrete or mortar	用于在水力喷射混凝土或砂浆的高粘度流动中机械输送的可硬化建筑材料的气动应用装置	FRIEDRICH WILH SCHWING GMBH	1986/6/28	

4.4 空中造楼机重点企业专利分析

国内中建三局集团及其子公司在空中造楼机技术领域共同申请了 243 件专利（图 A.10）。中建三局的专利申请在落地式升降钢平台系统、现浇混凝土结构模板自动化开合技术、外围技术三个一级技术分支的专利申请量分布相对均匀。在具体二级技术分支方面，以移动组装式钢平台系统整体结构为主，申请量达 64 件，其次为自动开合模板结

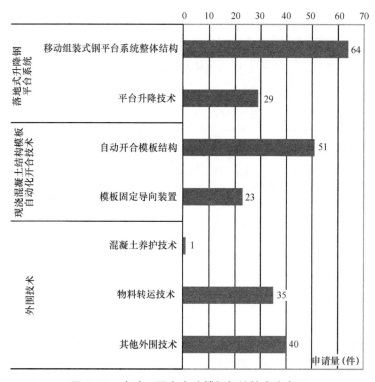

图 A.10 中建三局空中造楼机相关技术分布图

构专利，申请量为 51 件，平台升降技术和模板固定导向装置领域专利申请量相近，分别为 29 件和 23 件。而在外围技术方面，物料转运技术申请达到 35 件，安全防护、消防等外围技术方面专利，申请量为 40 件。可见中建三局在空中造楼机领域多个技术细节均有一定量的专利布局。

上海建工集团及其子公司（如上海建工一建集团有限公司、上海建工二建集团有限公司、上海建工四建集团有限公司、上海建工五建集团有限公司、上海建工七建集团有限公司）在空中造楼机领域的专利申请量为 234 件，专利技术分布如图 A.11 所示。与中建三局类似，其申请了较多的外围技术，除了物料转运技术申请 35 件外，还申请了安全防护、安全监控、脚手架等外围技术方面专利，可见上海建工在空中造楼机领域多个技术细节均有一定量专利布局。

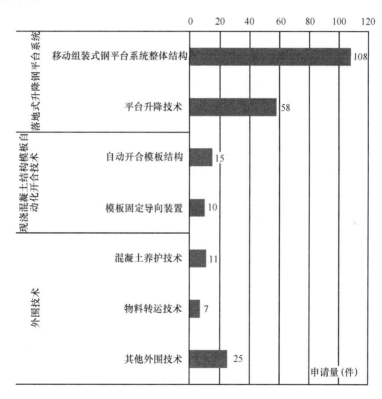

图 A.11　上海建工空中造楼机相关技术分布图

广东博智林机器人有限公司（简称"博智林"）成立于 2018 年 7 月，如今已逐步构建起覆盖土建、结构、装修、地坪、外墙等建造主要工序的建筑机器人产品体系，并在 2020 年达到 865 件的专利申请量（图 A.12）。在建筑模板领域也有 30 件左右的专利申请，且专利类型以发明为主，表明其技术原创性较高。

国外主要是以模板为核心技术的公司，如德国 PERI 模板公司、英国 SGB 公司、奥地利 DOKA 公司。

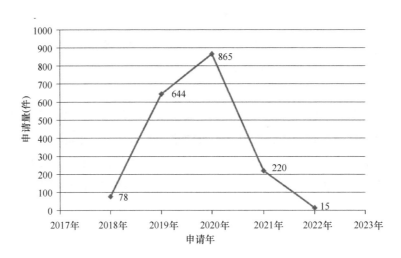

图 A.12　博智林专利申请趋势图

　　成立于 1969 年的德国 PERI 模板公司，业务领域包括建筑模板系统、脚手架系统、项目工程和胶合板等。在建筑模板领域拥有 725 件专利，专利申请在 2018 年达到高峰（图 A.13），并在全球布局。

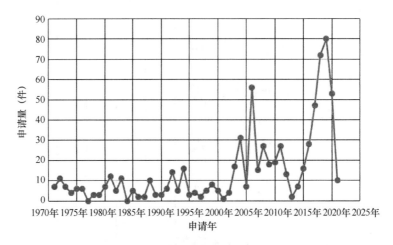

图 A.13　PERI 模板公司在建筑模板领域的专利申请趋势图

附录 B

《落地式空中造楼机建造混凝土结构高层住宅技术规程》T/ASC 31—2022 条文及条文说明

1 总 则

1.0.1 为规范落地式空中造楼机建造混凝土结构高层住宅技术，保障建筑性能、安全和工程质量，实现工业化建造目标，制定本规程。

1.0.2 本规程适用于空中造楼机建造的现浇混凝土结构高层住宅的设计、建造及验收。

1.0.3 空中造楼机建造的现浇混凝土结构高层住宅的设计、建造及验收，除应符合本规程外，尚应符合国家现行有关标准的规定。

2 术　语

2.0.1　落地式空中造楼机　ground-supported aerial building machine

由钢平台系统、升降柱及液压同步升降系统、模板模架系统、混凝土浇筑与养护系统、安全监测与控制系统等组成，是一种能在工程现场实现工业化建造现浇混凝土结构高层住宅的专用大型机械装备，简称"空中造楼机"。

2.0.2　钢平台系统　steel platform system

由顶部钢平台总成、双梁桥式起重机平台总成、操作平台总成及下挂平台总成等组成的，用于承载模板模架系统、混凝土浇筑与养护系统、双梁桥式起重机、垂直运输系统、防雨防晒系统和安全防护系统等设施设备，并为施工人员提供操作空间的平台总称。

2.0.3　升降柱　lifting columns

由多个标准化型钢升降柱组成，用于实现钢平台爬升并将竖向荷载传递到基础的支撑装置。

2.0.4　液压同步升降系统　hydraulic synchronous lifting system

由爬升装置、液压系统、控制系统等组成，用于实现钢平台系统同步升降的设备总称。

2.0.5　模板模架系统　formwork system

由模板、模架和开合模机构等组成，实现墙梁模板定位、支模、拆模等模板工程的系统。

2.0.6　配套构配件　supporting components and accessories

专指为空中造楼机建造工法配套的由工厂生产的墙或梁钢筋网（笼）、免支撑或少支撑的钢筋桁架楼承板或预制叠合板、保温板或保温装饰一体化板、预制构件、洞口模板、临时用支撑、固定用机具、定位用型钢、集成管线等构配件的统称。

2.0.7　附墙支撑　wall attachment device

连接升降柱与建筑物结构主体，用于传递空中造楼机水平荷载至建筑物结构主体，并保障空中造楼机侧向稳定的装置。

2.0.8　实测风速　measured blast velocity

在空中造楼机顶部钢平台标高处设置的风速仪所测得的建造现场实时风速。

2.0.9　正常工作状态　normal working state

实测风速不超过规定值，空中造楼机处于常规运行的状态。

2.0.10　非工作状态　off working state

空中造楼机切断动力电源，所有移动设备处于空载且停放于规定位置，空中造楼机停止一切常规作业的状态。

2.0.11 避险状态 gale avoidance state

预报风力超过 10 级，模板模架系统下降至建造层并合模，所有移动设备处于紧急避险位置，钢平台与主体结构之间采取特殊辅助固定措施，空中造楼机动力电源切断并停止一切作业的状态。

3 基 本 规 定

3.0.1 采用空中造楼机建造高层住宅项目应采用标准化设计。除竖向混凝土承重构件采用现浇方式外，其他设计应符合现行行业标准《装配式住宅设计选型标准》JGJ/T 494 的相关规定。

3.0.2 住宅户型应采用标准化、少规格、多组合的设计原则，并宜将建筑结构体与建筑内装体、设备管线分离。

3.0.3 建筑设计应符合现行国家标准《建筑模数协调标准》GB/T 50002 的相关规定，应能实现建筑设计、空中造楼机建造和构配件安装等活动之间的工序协调，以及模板、配套构配件和建造公差的尺寸协调。

3.0.4 空中造楼机选型应与高层住宅楼栋体型和房屋高度适配。应根据建造环境风荷载、空中造楼机运行工况和建造工法复核高层住宅主体结构在建造过程中的受力状况。

3.0.5 高层住宅与空中造楼机协同设计宜采用 BIM 技术实现建造工况模拟、工程量与构配件清单生成等功能。

3.0.6 配套构配件的设计或选型应综合考虑生产、运输、安装和质量控制的综合效率，并应根据功能与安装部位、加工制作与安装精度确定合理的制造和安装公差。

3.0.7 设计文件内容应包括高层住宅主体结构与空中造楼机空间结构专项协同设计、住宅产品标准化模块及其组合设计、空中造楼机模块化组合设计及其构配件清单、配套构配件清单等。

3.0.8 建造企业应根据空中造楼机升降柱基础布置图和构配件运输要求开展建造场地道路、堆场、给水排水和电力供应布局，并应符合施工和消防安全的相关规定。

3.0.9 建造企业应根据所在区域气候条件和项目场地条件编制"落地式空中造楼机安装与拆卸作业指导书"和"落地式空中造楼机使用与维护指导书"，并应符合现行行业标准《建筑施工高处作业安全技术规范》JGJ 80、《建筑机械使用安全技术规程》JGJ 33 和《施工现场临时用电安全技术规范》JGJ 46 的相关规定。

3.0.10 建造企业应根据现行企业标准《落地式空中造楼机》和《落地式空中造楼机建造工法》开展建造活动，并应在空中造楼机安装、运行、拆卸、回落及转场过程中采取安全措施。

4 设 计

4.1 一 般 规 定

4.1.1 高层住宅建筑设计应符合现行国家标准《住宅建筑规范》GB 50368 和《住宅设计规范》GB 50096 的相关规定。

4.1.2 高层住宅结构设计应包括持久设计状况、短暂设计状况和地震设计状况,并应符合现行国家标准《混凝土结构设计规范》GB 50010、《建筑抗震设计规范》GB 50011 和《高层建筑混凝土结构技术规程》JGJ 3 的相关规定。

4.1.3 高层住宅结构短暂设计状况应根据实测风速或预报风力等级和空中造楼机不同工况进行计算分析,并应符合现行国家标准《建筑结构荷载规范》GB 50009 和《工程结构通用规范》GB 55001 的相关规定。

4.1.4 同一建造区段内,除底部、顶层、管道层、避难层等非标准层外,高层住宅其他各层的层高和结构布置应相同。

4.1.5 外围护构件、阳台、空调板、楼梯等宜采用预制构件,楼板宜采用叠合混凝土楼盖,也可采用现浇混凝土楼盖,并应符合国家现行标准《混凝土结构设计规范》GB 50010、《装配式混凝土结构技术规程》JGJ 1 和《装配式住宅设计选型标准》JGJ/T 494 的相关规定。

4.1.6 高层住宅的外围护系统、设备与管线系统和内装系统应进行集成设计,并应符合现行行业标准《装配式住宅设计选型标准》JGJ/T 494 的相关规定。

4.2 建 筑 设 计

4.2.1 高层住宅优先尺寸应符合现行行业标准《工业化住宅尺寸协调标准》JGJ/T 445 的相关规定。

4.2.2 建筑体型宜采用矩形,也可采用"凹"字形、"L"形、"T"形、"工"字形或"十"字形,不应采用弧形。

4.2.3 建筑立面宜通过阳台、外窗、空调板、装饰线条和色彩变化等元素的多样化组合实现立面的丰富性。

4.2.4 高层住宅设计宜选用大空间布局方式。

4.2.5 高层住宅公共空间和套内空间的管线和设备应分区明确、布局合理。穿越楼层的竖向管道和设施宜集中设置在套外管井或套内服务阳台内。

4.2.6 高层住宅不宜设计错层空间。当有局部错层空间时,其楼盖应采用现浇混凝土楼盖和后浇法施工工艺。

4.2.7 高层住宅楼梯间、电梯井道等无水平楼板相连的墙面在房屋侧沿建筑高度方向应平齐。

4.2.8 建筑设计文件应明确配套构配件的规格、定位公差和安装质量要求。

4.3 结 构 设 计

4.3.1 高层住宅的建筑体型应与空中造楼机产品选型协调。结构设计时，应先确定空中造楼机选型，并应同步设计空中造楼机附墙支撑预埋件和升降柱基础。

4.3.2 附墙支撑传递给高层住宅结构和升降柱传递给基础的最不利荷载及作用组合应按照空中造楼机正常工作状态、非工作状态和避险状态所对应的不同工况分别进行计算分析。可采用直接分析设计法并按弹性计算空中造楼机整体结构的内力与变形。

4.3.3 附墙支撑设计应符合下列规定：

1 附墙支撑应沿高层住宅结构高度每隔 3 层设置一道，且连接方式应为铰接。

2 高层住宅外墙结构布置应满足附墙支撑预埋件的设置要求，并应按水平附加荷载设计值验算附墙支撑预埋件及其附加配筋。

3 附墙支撑连接构造应简单可靠、受力明确，并应选择易于安装、固定和拆除的连接方式。

4.3.4 升降柱基础设计应符合下列规定：

1 升降柱基础结构方案选型时，升降柱传递至基础的竖向荷载可根据房屋高度选用表 4.3.4 对应的数据。

表 4.3.4 升降柱基座竖向荷载标准值（单位：kN）

空中造楼机型号	适用高度	楼栋类型	边柱基础	中间基础
A	100m 以内（含）	矩形	2500	4500
		"十"字形	2700	5000
B	100m～180m	"一"字形	3000	5000
		"十"字形	3200	5500

2 升降柱基础预埋件和基座锚栓构造应按竖向荷载和水平荷载引起的弯矩及其最不利荷载组合设计。

3 地基或基础底板的等效静力荷载标准值应取为自重标准值与动力系数的乘积，其中动力系数不应小于 1.2。

4 各升降柱基础的相对差异沉降不应大于 20mm。

4.3.5 混凝土应符合下列规定：

1 普通混凝土强度等级不应低于 C30，且其性能应符合现行国家标准《混凝土结构设计规范》GB 50010 的规定。

2 轻骨料混凝土强度等级不应低于 C200，且其性能应符合现行行业标准《轻骨料混凝土应用技术标准》JGJ/T 12 的规定。

3 在同一标高范围内的竖向受力构件应采用同一强度等级的混凝土。

4 非承重分户墙体可采用现浇轻骨料混凝土。

4.3.6 钢筋应符合下列规定：

1 剪力墙钢筋网（笼）的现场连接宜采用绑扎搭接方式。剪力墙竖向分布筋宜采用 100% 在同一截面搭接连接方式，搭接长度应符合现行行业标准《高层建筑混凝土结构技术规程》JGJ 3 的相关规定。抗震等级为一、二级的剪力墙底部加强部位或剪力墙边缘构件主筋宜采用 50% 在同一截面搭接或螺纹套筒连接方式。

2 限位棍、定位杆兼作受力钢筋时，除应满足结构设计强度外，与受力钢筋应采用等强连接。

3 交汇于节点处的各种钢筋排布应进行专门设计。

4.4 室内装修设计

4.4.1 室内装修设计应包括门窗安装节点、厨房和卫生间设备、隔墙、收纳、照明、插座、供暖制冷末端和智能家居等系统。

4.4.2 室内装修构配件布置图应采用标准化和模块化的表达方式。室内装修构配件的定位应采用双线网格的界面定位法。室内装修设计应提供工程量清单。

4.4.3 卫生间宜采用标准化的整体卫浴和不降板排水系统，排水接口和检查孔宜设置在竖向管井内。

4.4.4 厨房宜采用集成厨房和烟气直排系统，应采用标准化的排烟排气和给水排水接口。当生活阳台与厨房毗邻时，宜将燃气立管及计量表具、厨房排水立管等设置于生活阳台内。设置在寒冷地区生活阳台上的排水立管等管道应采取保温防冻措施。

4.4.5 公共强弱电和消防系统宜采用标准化的强、弱电总控箱及消火栓，并明装在竖向管井内。户内配电箱和弱电箱宜明装。

4.4.6 室内强弱电线路布置应与室内装修协调，不宜埋设在现浇钢筋混凝土结构中。

4.4.7 供暖地区住宅宜采用地板辐射供暖、分水器水平布线散热器或预制干式地暖方式。

4.4.8 室内装修构配件的组合及其类型数量应综合考虑生产、运输和安装的综合效率。

4.5 空中造楼机与建筑结构协同设计

4.5.1 夹在空中造楼机起始建造层与房屋顶层之间的管道层、避难层等非标准层，应增加非标升降节，非标升降节高度应与相应的非标准层高度相同。当非标准层高度超过标准层高度时，应增加非标升降节数量，非标升降节高度不应大于标准节高度。

4.5.2 在首个建造层楼面上组装模板模架时，应按附加荷载设计值不小于 $4kN/m^2$ 校核楼板承载能力。

4.5.3 当更换角模、维修模板模架或发生避险状态时，模板模架系统应降落到已建造楼板上。除应采用楼面混凝土保护措施外，还应为该楼板及以下 3 层加设临时支撑，并符合下列规定：

1 临时支撑的附加荷载设计值应取不小于 $4kN/m^2$。

2 支撑立柱间距不应大于 1000mm，支撑立柱上应设置支撑垫片或横梁。

3 附加荷载应能通过临时支撑可靠传递至已建造剪力墙。应按现行国家标准《混凝土结构设计规范》GB 50010 的相关规定对剪力墙进行验算，如剪力墙强度不能满足要求，应增加临时支撑的层数。

4.5.4 空中造楼机应通过定型鉴定，空中造楼机工程量清单应包括安装、运行、维修和转场所需的零部件名称和数量。

5 配 套 构 配 件

5.1 一 般 规 定

5.1.1 配套构配件设计应包括构配件布置图、安装详图、构配件索引表和工程量清单，并应提出配套构配件的材料要求、制造工艺、制造和安装公差、运输方式和质量检验要求，以及连接方式、预埋件和连接件的数量、定位尺寸、工装和安装工艺及流程等要求。

5.1.2 工厂生产的墙、梁钢筋网片应采用压力焊工艺，应根据运输和吊装的要求验算钢筋网（笼）的刚度。

5.1.3 当采用自承重预制外围护结构时，宜将外围护结构直接作为外墙模板，并应采用穿墙螺栓与内模板模架系统连接。

5.2 钢 筋 网 （笼）

5.2.1 钢筋网（笼）和钢筋骨架经检查合格后应按规格堆放，其堆放层数不宜超过6层，各层间应用木方支垫，上下对齐。

5.2.2 钢筋网（笼）和钢筋骨架制造质量和安装要求应符合现行行业标准《混凝土结构成型钢筋应用技术规程》JGJ 366 的相关规定。

5.3 模 板

5.3.1 楼板模板应符合现行行业标准《装配式住宅设计选型标准》JGJ/T 494 的相关规定，并符合下列规定：

  1 优先采用免支撑或局部支撑的预制叠合楼板或钢筋桁架楼承板。

  2 采用预制叠合楼板时，应符合现行行业标准《装配式混凝土结构技术规程》JGJ 1 的相关规定。

  3 采用钢筋桁架楼承板时应符合现行行业标准《钢筋桁架楼承板》JG/T 368 的规定。

5.3.2 楼板模板工程可采用工具式支架和可重复用模板，并符合下列规定：

  1 采用铝模板时，应符合现行行业标准《组合铝合金模板工程技术规程》JGJ 386 的相关规定。

  2 采用塑料模板时，应符合现行行业标准《建筑塑料复合模板工程技术规程》JGJ/T 352 的相关规定。

5.3.3 墙、梁模板材料或模板面材宜采用免脱模剂材质。

171

5.3.4 门窗洞口模板宜采用工具式铝模板或塑料模板，也可使用与钢筋网（笼）一体化的洞口附框，并符合下列规定：

1 门窗洞口模板的尺寸允许偏差及检验方法应符合表 5.3.4 的相关规定。

表 5.3.4 模板的允许偏差及检验方法

项目	允许偏差（mm）	检验方法
洞口位置	±2	尺量检查
模板长度	±2	尺量检查
模板宽度（沿墙厚方向）	1，0	尺量检查

2 门窗洞口采用工具式模板时，模板设计应满足标准化和模数化，便于组装、拆卸的要求以及按五层间隔周转安装的要求。

3 门窗洞口采用钢板材料附框时，应在墙体模板提升后对钢板进行防锈处理。

5.4 保 温 板

5.4.1 建筑外保温可采用模板内置保温板或保温装饰一体化板工艺，宜使用与外饰面同时处理的外墙用保温隔热涂层工艺。

5.4.2 当采用建筑内保温时，应符合现行行业标准《外墙内保温工程技术规程》JGJ/T 261 的相关规定。

5.4.3 当采用保温装饰一体板工艺时，应根据立面分隔缝要求进行板材规格的二次设计。

5.5 其 他 构 配 件

5.5.1 以剪力墙作为支座的楼面梁宜采用预制叠合梁，并应符合现行行业标准《装配式混凝土结构技术规程》JGJ 1 的相关规定。

5.5.2 楼梯应采用预制楼梯段，并应符合现行行业标准《装配式混凝土结构技术规程》JGJ 1 的相关规定。

5.5.3 管道宜采用集成化管道束，宜将 2 个及以上相同性质或同寿命管道组合成管道束。

5.5.4 外模板模架固定除模板顶部拉结固定外，应采用穿墙螺栓方式，穿墙螺栓间距宜为 600mm，沿竖向应不少于 3 道，且第一道穿墙螺栓距楼面应不大于 300mm。

6 建 造

6.1 组 织 管 理

6.1.1 采用空中造楼机建造的高层住宅项目应采用工程总承包模式。

6.1.2 建造与管理团队应包括空中造楼机安装拆卸与运行维护团队、配套构配件安装与混凝土浇筑团队、建造质量与安全管理团队、物资采购管理团队等。

6.1.3 应制定空中造楼机运行管理制度,包括组织架构、安全管理、安装拆卸、运行维护、验收检验等内容。

6.1.4 应按照空中造楼机建造工法、建筑施工图和建造场地条件编制施工组织设计。

6.1.5 建筑材料和配套构配件的数量与进场时间应按照施工组织设计和工程进度确定。

6.2 建 造 场 地

6.2.1 建造场地规划应符合施工组织设计和消防安全的相关规定,并应实行建造现场封闭式管理。

6.2.2 空中造楼机周边应设置环形运输通道并与场地外部道路相连,环形通道宽度不应小于 4.5m,净高不应低于 4.5m。位于环形通道下方的地下室顶板承载力不能满足地面施工荷载要求时,应采取增设临时支撑的措施,并应符合现行国家标准《混凝土结构工程施工规范》GB 50666 的相关规定。

6.2.3 建筑场地应具备电力、自来水供应和消防设施等。电力供应负荷不应小于 100kW。自来水压力应满足混凝土养护系统和消防设施的水压要求,不足时应设置加压泵站。

6.2.4 建造场地宜设置钢筋网(笼)临时组装工场和运输轨道。

6.2.5 建造场地应设置工地办公室、中央控制室、工人休息室和卫生间等,并应与空中造楼机建造区域保持安全距离。

6.2.6 建造场地应设置配套构配件的临时堆放场地,并应与空中造楼机建造工序和吊装能力匹配。

6.3 建 造 环 境

6.3.1 空中造楼机运行环境温度应在 −5℃ 至 +40℃ 之间,相对湿度不应大于 90%。

6.3.2 起吊作业时实测风速不应超过 20.7m/s,钢平台升降作业时实测风速不应超过 12m/s。

6.3.3 当混凝土浇筑环境温度低于 5℃ 时,应采取防风保温措施保证混凝土养护环境温度在 5℃ 及以上。

6.4 安装与拆卸流程

6.4.1 空中造楼机升降柱基座安装应在基础混凝土浇筑 14d 后进行。

6.4.2 空中造楼机安装与调试应在首个建造层楼面混凝土结构施工完成后进行。

6.4.3 空中造楼机安装准备工作应符合下列规定：

1 检查并清理建筑周边 15m 范围内妨碍空中造楼机安装与运行的障碍物，包括空中线缆等，场地入口高度不应低于 4.5m。

2 编制安装计划与设备进场时序表，分批次进场。

3 复检升降柱基座安装定位线及基础预埋螺栓数量与位置。

4 复核升降柱基座基础强度，并提供检测报告。

5 复测首个建造层墙、梁定位轴线精度和楼面平整度。

6.4.4 落地爬升式空中造楼机安装应按照下列工序顺次进行：

1 复核升降柱底座定位线。

2 轮式起重设备入场安装塔式起重机。

3 塔式起重机吊装标准节、下爬升架、操作平台、物料转运平台、双梁桥式起重机平台及双梁桥式起重机。

4 在首个建造层楼面对墙、梁进行定位划线。

5 吊装模板模架、上爬升架、钢平台四周托架、模板过渡连接机构、钢平台中间贝雷架。

6 模板模架与钢平台连接。

7 安装混凝土浇筑及养护系统、辅助系统和运行检测系统。

8 运行调试。

6.4.5 落地举升式空中造楼机安装应按照下列工序顺次进行：

1 复核升降机组安装定位线。

2 轮式起重设备入场吊装升降机组并安装标准节。

3 轮式起重设备吊装操作平台、物料转运平台、双梁桥式起重机平台及双梁桥式起重机、钢平台四周托架、门式起重机。

4 在首个建造层楼面对墙、梁进行定位划线。

5 门式起重机安装模板模架、模板过渡连接机构、钢平台中间桁架。

6 模板模架与钢平台连接。

7 门式起重机安装混凝土浇筑及养护系统、辅助系统、运行检测系统。

8 运行调试。

6.4.6 空中造楼机的整体提升应在一个标准建造层墙、梁浇筑完成后进行。

6.4.7 采用落地爬升式空中造楼机建造时，应通过间隔 3 层设置的附墙支撑将升降柱与主体结构连接。

6.4.8 采用落地举升式空中造楼机建造时，应在升降柱对应的已建主体结构墙面上设置连续的附墙轨道，并应通过间隔 3 层设置的可滑移水平支撑装置将升降柱与主体结构连接。

6.4.9 空中造楼机的拆卸与回落应在屋面混凝土浇筑完成 14d 后开始。空中造楼机拆卸与回落过程中应同时完成外墙构配件安装和外装修施工。

6.4.10 空中造楼机回落应符合下列规定：

    1 编制空中造楼机回落技术方案和回落时序，制定安全措施并进行技术交底。

    2 空中造楼机回落前清理场地地面空间，满足设备转场运输通道的相关规定。

6.4.11 落地爬升式空中造楼机回落应按照下列工序顺次进行：

    1 双梁桥式起重机退出建筑轮廓线外，空中造楼机整体下降 2.5 个标准节。

    2 塔式起重机拆卸混凝土布料系统。

    3 解锁过渡连接机构与钢结构平台。

    4 塔式起重机流水拆卸走道板、混凝土布料管、贝雷架、主（次）桁架。

    5 双梁桥式起重机配合塔式起重机流水拆卸过渡连接机构、拆卸模板模架。

    6 塔式起重机拆卸上爬升架、双梁桥式起重机及其端部悬臂轨道梁。

    7 施工女儿墙及屋顶机房。

    8 双梁桥式起重机平台、操作平台、下挂平台和物料转运平台整体回落至地面并依次拆除。

    9 拆除塔式起重机。

6.4.12 落地举升式空中造楼机回落应按照下列工序顺次进行：

    1 双梁桥式起重机退出建筑轮廓线外，空中造楼机整体下降 3 个标准节。

    2 解锁过渡连接机构与钢结构平台。

    3 空中造楼机整体上升 3 个标准节，模板模架留置于楼面。

    4 双梁桥式起重机进入建筑轮廓线内，流水作业拆卸过渡连接机构、模板模架。

    5 施工女儿墙及屋顶机房。

    6 门式起重机流水拆卸钢平台走道板、混凝土布料系统、主（次）桁架。

    7 门式起重机拆卸双梁桥式起重机及其端部悬臂轨道梁。

    8 门式起重机退出建筑轮廓线外并锁定。

    9 空中造楼机整体回落至地面并依次拆除。

6.4.13 应在空中造楼机拆卸前编制转场技术方案，宜边回落边转场。

6.5 建 造 流 程

6.5.1 空中造楼机建造高层住宅应按照下列总体工序顺次进行：

1 常规施工方法施工地下室和低层非标准层。

2 空中造楼机进场安装、调试及试运行。

3 起始建造层建造。

4 标准层建造。

5 常规施工方法施工屋顶机房与女儿墙。

6 空中造楼机回落。

7 外墙配套构配件安装与装饰。

8 空中造楼机转场。

6.5.2 空中造楼机完成首个标准层墙、梁混凝土浇筑后，应对浇筑质量进行全面检查并调整模板等装置。

6.5.3 采用落地爬升式空中造楼机建造高层住宅第 2 个及以上标准层应按照下列工序顺次进行：

1 墙、梁定位放线并安装墙、梁钢筋网（笼），门窗洞口模板及支撑。

2 安装非承重外围护预制构件、预留预埋机电管线。

3 顶部钢平台下降 2.5 个标准节，内外模板自动合模。

4 内外模板上部锁定、外墙安装对拉螺栓。

5 浇筑墙、梁混凝土。

6 内外模解锁、拆除外墙对拉螺栓，内外模自动开模。

7 顶部钢平台提升 3.5 个标准节并清理内外模板。

8 楼面标高定位后双梁桥式起重机平台提升 1 层。

9 双梁桥式起重机吊装预制叠合楼板或钢筋桁架楼承板。

10 安装楼面负弯矩钢筋、预留预埋楼面管线。

11 楼面混凝土浇筑。

6.5.4 采用落地举升式空中造楼机建造高层住宅第 2 个及以上标准层应按照下列工序顺次进行：

1 墙、梁定位放线并安装墙、梁钢筋网（笼），门窗洞口模板及支撑。

2 安装非承重外围护预制构件、预留预埋机电管线。

3 空中钢平台下降 2.5 个标准节，内外模板自动合模。

4 内外模板上部锁定、外墙安装对拉螺栓。

5 浇筑墙、梁混凝土。

6 内外模解锁、拆除外墙对拉螺栓，内外模自动开模。

7 空中钢平台提升 3.5 个标准节并清理内外模板。

8 楼面标高定位。

9 双梁桥式起重机吊装预制叠合楼板或钢筋桁架楼承板。

10 安装楼面负弯矩钢筋、预留预埋楼面管线。

11 楼面混凝土浇筑。

6.5.5 施工组织设计宜按标准层结构施工 5~7d/层，建筑室内装修可在完成 5 个标准层结构施工后开始插入。

6.5.6 房屋高度方向垂直度和楼面标高宜采用激光铅锤仪投点，并每层检测。激光投点的允许偏差不应大于 1/20000。

6.6 钢筋网与保温板安装

6.6.1 墙、梁定位划线宜采用激光仪等自动化装置进行。

6.6.2 墙、梁钢筋网（笼）安装应符合下列规定：

1 边缘构件钢筋网（笼）按 L 形、T 形、〔形、Z 形、十字形等标准钢筋网分类编号。

2 钢筋骨架、钢筋网（笼）采用专用吊具吊装至物料转运平台上，再由双梁桥式起重机抓取并吊装至作业面。

3 先行安装边缘构件钢筋笼，然后安装连梁钢筋和剪力墙标准钢筋网片等其他构配件。

4 人工绑扎连梁上部钢筋。

5 墙体管线预埋和孔洞预留符合图纸要求。

6.6.3 预制楼梯和预制轻质隔墙板应与墙、梁钢筋网（笼）同时安装。

6.6.4 采用保温装饰一体化板时，外饰面应采用塑料薄膜覆盖，并应在空中造楼机回落时完成瑕疵修复、喷涂、勾缝工序。

6.7 墙、梁混凝土浇筑和养护

6.7.1 墙、梁模板合模定位型钢应符合下列规定：

1 定位型钢可安装在内模板角模或剪力墙钢筋上。

2 安装在角模上部的定位型钢应在每个内模板系统的 4 个角模上部用螺栓固定，并在墙、梁混凝土浇筑后、模板开模前打开固定装置。

3 安装在剪力墙主筋底部的定位型钢应沿内墙连续设置，角钢顶面应低于建筑完成面标高 20mm，并应在浇筑前逐一检查。

4 定位型钢安装位置水平偏差应不大于 1mm，高度偏差应不大于 2mm。

6.7.2 模板模架系统降落前应逐个检查是否存在钢筋变形、洞口模板平面外误差和定位型钢位置偏差等干涉问题。模板底部降落至距离楼板表面 50mm 时方可进行合模动作，直至与下部墙角定位型钢合拢。

6.7.3 墙、梁混凝土浇筑宜采用自密实混凝土，并应符合现行行业标准《自密实混凝土应用技术规程》JGJ/T 283 和现行国家标准《混凝土结构工程施工规范》GB 50666 的相关规定。

6.7.4 混凝土浇筑时应随时清理落地灰，并应在浇筑完毕后及时校对调整剪力墙上部钢筋。应采用木抹子将墙、梁上表面混凝土找平。

6.7.5 墙、梁混凝土浇筑高度不应超过楼板底面高度 5mm。

6.7.6 墙、梁混凝土养护可由喷淋装置与人工洒水养护配合完成，喷淋时间和间隔应与配套构配件安装时间协调。

6.8 楼板模板安装与混凝土浇筑养护

6.8.1 预制叠合楼板或钢筋桁架楼承板宜由塔式起重机吊运至物料转运平台，再由双梁桥式起重机抓取并吊运至施工作业面。

6.8.2 预制叠合楼板或钢筋桁架楼承板应沿格构或桁架方向设置悬挑，悬挑大于 1.2m 的格构钢筋楼承板或混凝土叠合板应采取临时支撑措施。

6.8.3 楼板预留孔洞应采用工具式模板，模板的外形尺寸应满足正偏差 5mm 的要求。安装位置偏差不大于 2mm。

6.8.4 楼板负弯矩钢筋应按照施工图纸现场敷设。

6.8.5 楼板内的强电预埋管及孔洞预埋件应按照施工图纸人工敷设。

6.8.6 楼板可选用普通混凝土，宜采用双梁桥式起重机吊挂布料斗浇筑，并应符合现行国家标准《混凝土结构工程施工规范》GB 50666 的相关规定。

6.8.7 楼面混凝土浇筑前应先在剪力墙钢筋网上设置标高控制线，并于浇筑时挂白线找平，白线标高应为板面结构标高。

6.8.8 楼面混凝土表面平整度应用水准仪检查，一个空中造楼机建造单元内的楼面平整度误差应控制在 ±20mm 范围内。

6.8.9 楼面混凝土浇筑完成后应及时覆盖养护。覆盖养护后可采用混凝土养护系统淋水保湿，养护系统开启时间和间隔应与后续工序协调。

7 安 全 和 环 保

7.1 一 般 规 定

7.1.1 空中造楼机运行管理应符合现行行业标准《建筑施工高处作业安全技术规范》JGJ 80 的规定，并应制定平台、构件、系统定期维护保养制度。

7.1.2 应编制空中造楼机安装、运行、拆卸专项施工方案及应急预案。

7.1.3 应设专职安全员负责空中造楼机建造全过程安全管理与记录。

7.1.4 应在空中造楼机各操作平台显著位置标明可承载范围及其允许荷载值，设备、材料及人员等荷载不得超过允许荷载。

7.1.5 当实测风速超过 20.7m/s 或遇浓雾、雷电等恶劣天气时应停止施工人员作业，并应按应急预案采取可靠的避险加固措施。当实测风速超过 12m/s 时应停止钢平台系统的升降作业并采取保护措施。

7.1.6 空中造楼机正式使用前或因恶劣天气、故障等原因停止运行后，应锁定操作平台、升降系统和起重设备等，并应在全面检查，确认安全后方可再次启动运行。

7.1.7 空中造楼机应设置安全监控系统对关键参数、主要操作、空中造楼机状态进行监控，当超出限值时应能自动报警，并应立刻停止空中造楼机运行。

7.2 安 装 与 拆 卸

7.2.1 空中造楼机的安装应由具备起重设备安装资质的单位进行，并应通过第三方专业机构验收检验后方可交付使用。

7.2.2 空中造楼机的拆卸应由具备起重设备安装资质的单位进行，并应根据转运要求分类堆放或打包。

7.2.3 空中造楼机的安装、拆卸应由专业人员操作，并应持证上岗。

7.3 运 行

7.3.1 空中造楼机的运行应由专业人员操作，并应持证上岗。

7.3.2 操作平台与地面之间应有可靠的通信联络。运行指令只能由空中造楼机总指挥一人下达。操作人员如发现有安全隐患，应立即向总指挥反馈信息并处理、排除。

7.3.3 机械操作人员应按现行行业标准《建筑机械使用安全技术规程》JGJ 33 的有关规定定期对机械、液压设备等进行检查、维修，确保使用安全。

7.3.4 空中造楼机钢平台升降时，除专门巡检人员外，其他人员应提前撤离钢结构平台。

7.3.5 人员专用施工升降机不得运载设备和材料。

7.3.6 除施工电梯升降柱外，升降柱内应设置爬梯。钢平台上的人员应可通过爬梯到达建筑楼面或地面。

7.3.7 在操作平台上进行电、气焊作业时应有防火措施和专人看护。

7.3.8 空中造楼机升降作业前，应进行检查，不应有影响升降动作的障碍物。

7.3.9 空中造楼机建造现场应有明显的安全标志，地面应设置围栏和警示标识，严禁非操作人员入内。

7.3.10 钢筋安装及预埋件的预埋不应影响模板的回落及固定。

7.3.11 起重机械吊运物件时严禁碰撞空中造楼机部件。

7.4 维护与保养

7.4.1 施工临时用电线路架设及架体接地、避雷措施等应符合现行行业标准《施工现场临时用电安全技术规范》JGJ 46 的有关规定。

7.4.2 液压系统平台和操作平台上应按消防要求设置灭火器，施工消防供水系统应随钢结构平台上升同步设置。

7.4.3 建造平台升降前应重点检查液压传动系统，应严格定期维护保养，并应做好记录。

7.4.4 导轨和导向杆应保持清洁，并应涂抹润滑剂。导轨爬升应保持顺畅，导向滑轮滚动应保持灵活。

7.4.5 模板应在每层开模提升后清理。

7.4.6 应及时清理金属部件表面散落的混凝土，涂刷防锈漆。对各类备用机械配件应分类堆放或分类包装。

7.4.7 应定期对模板模架及液压传动机组等关键部件进行检查、校正、紧固和修理，对丝杠、滑轮、滑道等部件进行注油润滑。

7.5 环 保

7.5.1 混凝土浇筑时，应采用低噪声环保型振捣器。

7.5.2 操作平台上应设置环保型厕所。

7.5.3 清理施工垃圾时应使用容器吊运并及时清运，严禁临空抛撒。

7.5.4 液压系统应采用耐腐蚀、防老化、具备密封性能的高压油管，并应有防止漏油造成环境污染的措施。

7.5.5 应采用环保型脱模剂。

8 工程质量验收

8.0.1 空中造楼机的出厂检验和型式检验应符合现行企业标准《落地式空中造楼机》的规定。

8.0.2 空中造楼机现场安装质量检验与验收应符合现行企业标准《落地式空中造楼机产品质量检验验收指导书》的要求。

8.0.3 现浇钢筋混凝土结构工程施工质量验收应符合现行国家标准《混凝土结构工程施工质量验收规范》GB 50204 的相关规定。

8.0.4 预制构件、配套构配件、部品、设备与管线的安装质量验收应符合现行国家标准《装配式混凝土建筑技术标准》GB/T 51231 的相关规定。

8.0.5 配套构配件或原材料应有出厂合格证或检验报告，符合质量标准后方可进场使用。

本规程用词说明

1 为便于在执行本规程条文时区别对待，对要求严格程度不同的用词，说明如下：

1）表示很严格，非这样做不可的用词：

正面词采用"必须"，反面词采用"严禁"。

2）表示严格，在正常情况下均应这样做的用词：

正面词采用"应"，反面词采用"不应"或"不得"。

3）表示允许稍有选择，在条件许可时首先应这样做的用词：

正面词采用"宜"，反面词采用"不宜"。

4）表示有选择，在一定条件下可以这样做的用词，采用"可"。

2 本规程中指明应按其他有关标准执行的写法为："应符合……的规定"或"应按……执行"。

引用标准目录

《建筑模数协调标准》GB/T 50002

《建筑结构荷载规范》GB 50009

《混凝土结构设计规范》GB 50010

《建筑抗震设计规范》GB 50011

《住宅设计规范》GB 50096

《混凝土结构工程施工质量验收规范》GB 50204

《住宅建筑规范》GB 50368

《混凝土结构工程施工规范》GB 50666

《装配式混凝土建筑技术标准》GB/T 51231

《工程结构通用规范》GB 55001

《装配式混凝土结构技术规程》JGJ 1

《高层建筑混凝土结构技术规程》JGJ 3

《轻骨料混凝土应用技术标准》JGJ/T 12

《建筑机械使用安全技术规程》JGJ 33

《施工现场临时用电安全技术规范》JGJ 46

《建筑施工高处作业安全技术规范》JGJ 80

《外墙内保温工程技术规程》JGJ/T 261

《自密实混凝土应用技术规程》JGJ/T 283

《建筑塑料复合模板工程技术规程》JGJ/T 352

《混凝土结构成型钢筋应用技术规程》JGJ 366

《钢筋桁架楼承板》JG/T 368

《组合铝合金模板工程技术规程》JGJ 386

《工业化住宅尺寸协调标准》JGJ/T 445

《装配式住宅设计选型标准》JGJ/T 494

《落地式空中造楼机建造混凝土结构高层住宅技术规程》T/ASC 31—2022 条文说明

1 总　　则

1.0.1 落地式空中造楼机建造混凝土结构高层住宅技术是一种全新的建筑工业化理念与技术，在国家住宅科技产业技术创新战略联盟（北京）试验示范基地开展了北京市公租房足尺试验建造，并在深圳市保障性住房卓越蔚蓝铂樾府项目一期 10 号楼进行了示范建造。

　　本规程的主要成果源自上述工程实践。为了推广这项技术，特申请编制本规程，并希望达到以下目标：规范高层住宅标准化设计和工业化建造过程；协同空中造楼机的现场安装运行过程与建造过程；指导配套构配件的生产、安装和工业化室内装修接口设计；在保障建筑性能、质量和施工安全的前提下，实现建筑工程质量可控、建安成本可控、建设周期可控和减少建筑垃圾排放等工业化建造目标。

1.0.2 落地式空中造楼机建造混凝土结构高层住宅技术的研发初衷和建造经验是面向标准化程度较高的高层、超高层钢筋混凝土结构保障性住房，所以本规程的适用范围限定在现浇混凝土结构高层住宅的设计、建造及验收。

　　由于现行国家标准《城市居住区规划设计标准》GB 50180 将我国各建筑气候区划所有高层住宅的建筑高度控制在 80m 以下，因此与落地式空中造楼机 80～180m 的适用高度形成了较大的差异。因此，在技术与装备的迭代开发中，将落地式空中造楼机成套装备及其建造工法进行了较大的拓展，既适用于 80m 高度及以下的钢筋混凝土剪力墙体系高层住宅，也适用于 180m 以下的钢筋混凝土剪力墙结构体系和钢筋混凝土核心筒-框架结构体系建筑，包括高层与超高层公寓、办公楼等。其竖向与水平运输系统、建造平台系统不仅提供核心筒、楼板等现浇混凝土结构的建造平台，而且可以作为装配式建筑的建造平台，提供更加精准、高效、便捷、安全的安装平台。

2 术 语

2.0.1 采用空中造楼机建造混凝土结构高层住宅技术是指在工程现场对钢筋混凝土高层住宅的现浇和预制装配工艺提供机械化、智能化和集成化的施工平台与建造工法，是实现建筑工业化的创新途径之一。

我国钢筋混凝土建筑工业化的发展始于 20 世纪 50 年代大规模城市建设时期，工厂化预制构件得到了普遍的应用。唐山大地震后，为了提高建筑抗震性能，现浇钢筋混凝土建筑体系获得了空前的发展。近 20 年以来，随着建筑品质要求提高、环境与资源可持续压力加大，预制装配钢筋混凝土建筑体系再次迎来了规模化发展。近年来，通过引进消化与自主研发，我国已经形成了多种装配整体式混凝土剪力墙结构体系技术，如叠合现浇预制剪力墙体系、预制外挂墙板现浇剪力墙体系、钢筋浆锚搭接预制剪力墙体系、集中约束钢筋浆锚搭接剪力墙体系，以及广泛使用的钢筋套筒灌浆连接预制剪力墙体系等。上述体系均基于"等同现浇"的装配整体式混凝土结构设计理念（《装配式混凝土结构技术规程》JGJ 1—2014），因此必须符合现浇钢筋混凝土结构的抗震设计要求。

中国房地产业协会组织开展的我国建筑工业化体系现状调研（国家住宅与居住环境工程技术研究中心等. 我国高层住宅工业化体系现状研究［M］. 北京：中国建筑工业出版社，2016）结果表明，尽管我国装配整体式混凝土结构体系应用高度已达到 100m，但由于技术工人短缺，现场施工质量尤其是竖向钢筋连接和预制剪力墙坐浆质量还不稳定；同时由于预制和现浇两种施工工艺交叉进行，现场作业质量、施工效率和经济效益依然不高。因此，进一步探索现浇钢筋混凝土工业化建造技术和工艺依然具有重要意义。

从 2012 年申请的"高层建筑快速施工的方法"（柳雪春，董善白. 高层建筑快速施工的方法［P］. 中国 . CN102505845A. 2012-06-20）和 2013 年申请的"一种空中造楼机"（董善白，柳雪春，仲继寿，林建平. 一种空中造楼机［P］. 中国 . CN203514814U. 2014-04-02）等专利可以看出，空中造楼机面向高层剪力墙结构体系的工业化建造，其核心理念是将可自动开合的模板模架体系、竖向与水平运输设施以及混凝土浇筑与养护设备等集成在一个可自动同步升降的钢平台上，从而形成一条以楼层为生产单元和建造节奏，按照现场工业化建造工法和流程运行的大型空中造楼生产线，故称"空中造楼机"。

我国在超高层建筑中广泛使用了依托于核心筒墙体受力的液压顶升建造平台，搭载了核心筒模板、布料机和塔式起重机等大型施工装备，主要用于核心筒建造和物料垂直运输。另外，中国建筑、碧桂园等企业也相继开发出依托外墙支点爬升的空中造楼机，可实现顶部雨篷设备、外墙模板、施工模架、布料机、施工机器人等设施设备的集成和平台的整体爬升。但在上述建造平台上，目前还不能搭载墙、梁普通内模板，搭载的外墙模板或核心筒模板仍需人工定位和固定。而模板工程是现浇钢筋混凝土结构施工最重要的组成部分，约占主体工程总用工量和总工期的 50%，同时模板工程质量还直接影响着构件的几何尺寸、外观平整度甚至结构的安全性。

本规程所述落地式空中造楼机搭载了建造一个高层建筑标准楼层所需的全部现浇竖向构件模板，并且能够实现定位、支模、拆模等模板工程的机械化和自动化。另一方面，由于空中造楼机集成了多道平台系统、液压同步升降系统、模板模架系统、混凝土浇筑与养护系统和安全监测与控制系统等，重量较大，对于高度不超过 180m 的分散布置的薄壁剪力墙高层住宅，剪力墙无法成为平台顶升的受力载体，需通过支撑在地面的升降柱提供平台爬升的支点，故称为"落地式空中造楼机"，简称"空中造楼机"。在工程建设管理领域，为与目前的监管机制一致，"落地式空中造楼机"也被称为"落地装配式模架系统"或"落地式模架系统"。

落地式空中造楼机根据驱动钢平台升降方式的不同，分为"落地爬升式"和"落地举升式"两种形式。其中，"落地爬升式"是指依托落地式升降柱，采用爬升架实现平台升降的方式（附图 1）；"落地举升式"是指在落地式升降柱的底部采用液压举升方式加减标准节实现平台升降的方式（附图 2）。除此之外，市场上也有以建筑主体结构为支撑点，平台随建筑主体实现爬升的方式，我们对应地简称"附墙式空中造楼机"。

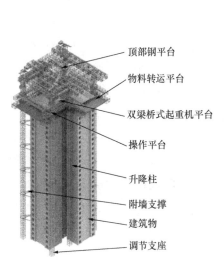

附图 1　落地爬升式空中造楼机示意图

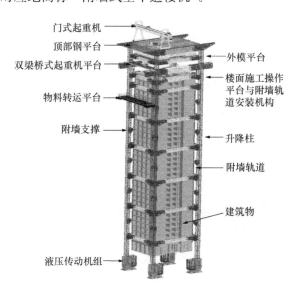

附图 2　落地举升式空中造楼机示意图

总之，可以将落地式空中造楼机比拟为一个以楼层为生产单元的垂直布置的生产线。主要生产工艺包括墙、梁钢筋网（笼）的定位与安装，墙、梁模板的自动合模（支模）和自动开模（拆模），墙、梁混凝土浇筑与养护，楼板支模布筋与浇筑养护，物料垂直与水平运输，并循环执行。同时穿插室内装修，并在落地式空中造楼机回落时完成室外装饰等。

2.0.2 钢平台作为空中造楼机的主要承载部件，起到物料转运、模板挂载、混凝土浇筑、操作与安装平台等作用，不仅提高了施工作业效率及作业人员安全性，还大量减少了一线施工人员的数量及其劳动强度，极大改善了现场环境。

一个标准化的单元式空中造楼机包括钢平台和 4 条升降柱。钢平台由顶部钢平台、双梁桥式起重机平台、操作平台及下挂平台等组成，用于搭载模板模架系统、混凝土浇筑与养护系统、垂直运输系统、安全防护系统、防雨防晒系统以及双梁桥式起重机、布料机、控制、消防等设施设备，并为施工人员提供操作空间（附图 3）。

钢平台升降采用泵控闭环控制系统，通过电机转速控制泵输出流量从而改变每个顶升油缸的速度，通过位置传感器反馈各个爬升架油缸位置，通过踏步开关检测器感知踏步开合状态，从而形成升降速度、行程和踏步状态同步闭环回路，实现多点支撑钢平台智能液压同步升降。无极变频调速技术将最大顶升速度控制在 300mm/min，同步顶升 1 个标准层高度的时间在 30min

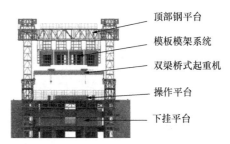

顶部钢平台
模板模架系统
双梁桥式起重机
操作平台
下挂平台

附图 3　单元式空中造楼机示意图

之内，多点同步顶升精度控制在±5mm 的范围之内，满足建造精度的要求。

2.0.3 目前在超高层建筑施工中采用的是附墙式空中造楼机，即以建筑主体结构为支撑点，实现钢平台的爬升，钢平台的荷载通过附墙支点传递到建筑主体结构上，再由主体结构传递到地基。而落地式空中造楼机是依靠升降柱直接将竖向荷载传递到地基，同时也是依靠升降柱完成爬升动作实现钢平台升降的。由于采用的是落地式升降柱，所以才能实现钢平台的"升"和"降"，从而完成模板的竖向移动与水平开合动作。

2.0.4 为保障支撑在多个升降柱上的钢平台能够实现同步爬升，就需要液压同步升降系统。本规程将爬升装置、液压系统、控制系统等统称为液压同步升降系统。空中造楼机包括两套液压同步升降系统，一是顶部钢平台同步升降系统，另一个是操作平台同步升降系统，两台系统为互锁关系（附图 4）。

油缸顶升方式具有速度可调范围大，顶升力可通过溢流阀调节，系统安全可通过平衡阀、电动止回阀等辅助阀实现，并可通过检测系统压力实时监控钢平台载荷变化情况，简单可靠。因此，选择了液压油缸顶升方式。

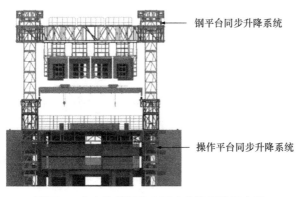

钢平台同步升降系统

操作平台同步升降系统

附图 4　空中造楼机液压同步升降系统示意图

考虑到成本、液压油清洁度和

实际工作环境的要求，动力驱动方式采用变频电机加编码器。变频器通过安装在电机输出轴上的编码器输送反馈信号，获取实时电机转速信息，同时在平台不同位置设有拉线传感器获取实时平台升降距离信息，实时调节变频器变频输出信息，进而调整电机转速实现平台各位置同步升降。定量液压泵不仅成本仅有变量液压系统的1/3左右，还能在中低速情况下达到与变量液压系统基本一致的控制精度，且有助于节能、减少系统发热。实际工程的示范建造表明，系统控制精度可达±2mm，4点支撑同步升降误差达到±1mm。

为防止钢平台坠落事故的发生，需要设置安全防护装置。顶模或者爬模等传统升降系统的安全防护装置需要专业人员手动复位，具有较高的危险性。落地式空中造楼机钢结构平台防坠则采用了液压防坠技术（附图5），以满足于平台需要多次升降的工作特点。在液压系统中设有电动止回阀13及平衡阀11，其中平衡阀具有单向阀和溢流阀的性能，用来随动建立与变化负载相平衡的备压，实现负载保持、负载控制及安全负载的作用。同时采取两组举升油缸回路，一组设计为主动油缸回路，一组设计为随动油缸回路，在出现故障或坠落故障时，实现互锁。电动止回阀实现了安全负载及防爆阀的作用。平衡阀的开启无需操作人员参与，极大地提高了操作人员的安全性，同时确保在升降过程中不会出现误操作。

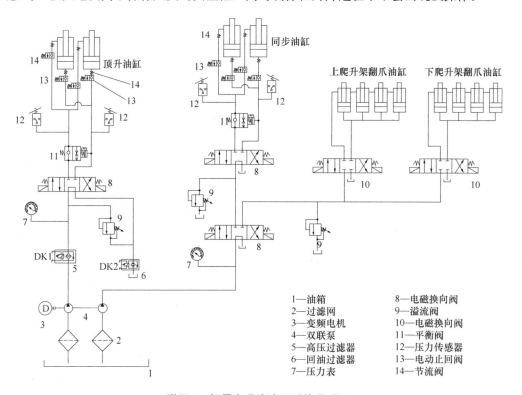

附图5　钢平台升降液压系统原理图

1—油箱	8—电磁换向阀
2—过滤网	9—溢流阀
3—变频电机	10—电磁换向阀
4—双联泵	11—平衡阀
5—高压过滤器	12—压力传感器
6—回油过滤器	13—电动止回阀
7—压力表	14—节流阀

为保障随动油缸与主动油缸的同步运动，随动油缸回路的系统压力值比主动油缸回路溢流压力值低。因此，当随动油缸速度大于主动油缸时，随动油缸由于回路溢流压力较低，无法单独将钢平台举起，系统溢流，随动油缸处于等待状态，从而确保随动油缸的速

度始终比主动油缸慢；当主动油缸回路发生故障时，可以通过快速调节随动油缸回路溢流阀压力将随动油缸转化成主动油缸，确保系统不会因为液压系统故障造成停机。

2.0.5 模板模架系统分内模板和外模板。由剪力墙、柱或梁围合形成的矩形空间对应一组内模板，每段外墙对应一组外模板。内模板与下中心架、上中心架构成内模板模架系统，对应每一组平模分别配置电机丝杆驱动的自动开合装置，内模板模架系统通过过渡连接装置与顶部钢平台连接，并通过下中心架上部拉杆实现内模板的辅助固定，如附图 6 所示。通过调整角模宽度即可适应沿建筑高度墙体厚度的变化。模板下部设计有可压缩密封胶条，能有效防止模板下部漏浆现象的发生，并自适应地面±10mm 平整度的要求。

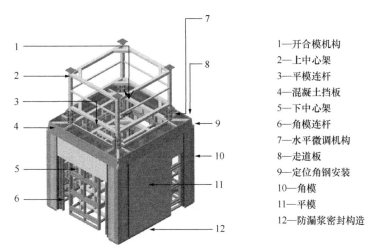

| 1—开合模机构 |
| 2—上中心架 |
| 3—平模连杆 |
| 4—混凝土挡板 |
| 5—下中心架 |
| 6—角模连杆 |
| 7—水平微调机构 |
| 8—走道板 |
| 9—定位角钢安装 |
| 10—角模 |
| 11—平模 |
| 12—防漏浆密封构造 |

附图 6　内模板模架系统示意图

模板通过多道平行连杆与模架相连。通过电动控制丝杠驱动连杆实现模板的水平移动，完成合模（支模）或开模（拆模）的过程。在内模板模架系统中，平模为主动开合模板，角模通过铰链机构成为随动模板。在合模时，平模带动角模移动并实现接缝处的闭合，开模时，平模先行移动后角模随动。另一方面，平模与角模接触处均为 45°斜面，因此既不存在平模与角模干涉问题，还能避免平模与角模接缝处产生漏浆现象。

外模板与背架组合，通过吊杆（平行四连杆）与顶部钢平台相连，并采用电机驱动丝杠推杆实现自动合、开模（附图 7）。外墙模板通过穿墙螺栓与对应的内模板固定。

2.0.6 空中造楼机建造工法主要采用了可自动开合的墙、梁竖向构件模板系统。为了提高建造效率，需要配套工具式墙体洞口模板或预埋式门洞附框，工厂生产的工装墙、梁钢筋网（笼）、钢筋桁架楼承板或预制叠合板、预制楼面梁，或成套铝质楼板模板。为了满足节能要

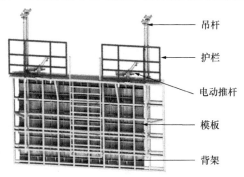

吊杆
护栏
电动推杆
模板
背架

附图 7　外模板模架系统示意图

189

求，还需配套使用内置于模板的保温板或保温装饰一体化板。另外，从建筑工业化角度，还会大量使用混凝土预制构件，包括但不限于自承重外围护结构预制件、楼梯预制件、空调机板预制件等。同时，我们把临时用支撑、固定用机具、定位用型钢、集成管线等也归入了配套构配件范围。

2.0.7 由于较高的升降柱在风荷载、钢平台重力作用下存在侧向稳定问题，需要将升降柱与建筑物结构主体连接起来，并将空中造楼机受到的水平荷载安全可靠地传递到建筑物结构主体上。这个保障空中造楼机侧向稳定并将荷载传递到结构主体的装置称为附墙支撑（附图 8）。

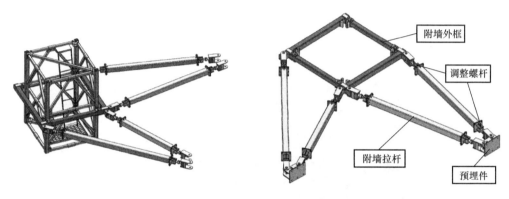

附图 8　连接升降柱与高层住宅外墙结构之间的附墙支撑示意图

2.0.8 高层住宅构成的建筑群往往会产生较大的楼间风。高空中的风速也会比地面上要大，而且时刻是变化的。为了保障空中造楼机运行和人员操作的安全，需要时刻监测建造环境实时风速。空中造楼机顶部钢平台处的风速对空中造楼机建造安全影响最大，所以以该标高处的风速仪测得的现场实时风速作为实测风速。

2.0.9～2.0.11 当实测风速不超过 6 级时，空中造楼机可以开展常规的运行和施工作业。事实上，空中造楼机上的塔式起重机、双梁桥式起重机等设备在不同的工况下对风速的限制要求是不一样的，需要根据相关设备的运行要求和工作条件确定。比如，塔式起重机在吊重与升降的两种工况下，对风速的要求就不一样。在一般情况下，当实测风速超过风力 8 级时，空中造楼机不能进行升降作业，当实测风速超过风力 6 级时，人员不能进行施工作业。

当钢平台顶部实测风速处于风力 8 级至 10 级时，所有移动设备处于空载并停放于规定的位置，空中造楼机不能开展任何正常作业。

当预报风力超过 10 级时，由于天气预报的风力等级按距地面 10m 高确定，而顶部平台处的风力等级与高度有关，如 100m 时计算风力等级为 13 级。所以需要提前而不是待顶部钢平台处实测风力达到 10 级时才将模板模架系统下降至建造层并合模。同时需要在钢平台与主体结构之间采取如局部焊接、绳索拉紧等特殊辅助固定措施。所有移动设备处于空载且停放于规定的紧急避险位置，并切断空中造楼机动力电源。

3 基 本 规 定

3.0.1 采用空中造楼机建造混凝土结构高层住宅项目属于新型建筑工业化生产方式，因此其技术体系、构配件（也称部品部件）及其接口均需进行比较、选择和优化，以实现工业化建造目标和效益。高层住宅标准化设计包括建筑设计、结构系统、外围护系统、设备与管线系统和内装修系统。对比现行行业标准《装配式住宅设计选型标准》JGJ/T 494 的规定，除结构系统中的竖向混凝土承重构件不是工厂预制而是采用现场工业化建造方式外，其他相关规定均适合空中造楼机建造的混凝土结构高层住宅。

3.0.2 空中造楼机的核心功能是通过可同步升降的钢平台系统实现模板的自动合模和开模的过程。通过住宅户型和交通核的标准化设计，实现模板模架的标准化配置，从而构建标准化的住宅产品设计模块库和对应的空中造楼机模板模架库。因此需要设计人员根据少规格、多组合的设计原则，不断优化和减少住宅产品模块的种类和数量，包括标准化的户型与交通核模块系列，以及标准化的阳台、空调板、设备管井及室内装修接口等。

从国内外住宅产业化发展及工业化建造实践的经验来看，采用建筑结构体与建筑内装体、设备及管线相分离的方式（也称 SI 体系），既解决了住宅批量化生产中标准化与多样化需求之间的核心问题，也满足了居住需求的适应性，对提高工程质量和居住品质，实现节能环保，保障建筑的长久使用价值具有重要意义。

3.0.3 对于我国高层住宅发展而言，需要实行通用住宅体系化，并推行定型化生产、系列化配套和社会化供应的构配件发展模式。

空中造楼机建造混凝土结构作为建筑工业化的创新路径之一，也是实现建筑工业化、标准化和集约化的过程。因此首先需要建筑设计的标准化，否则也就没有真正意义上的工业化。而系统和接口的协调，尤其是空中造楼机建造和配套构配件安装活动都会涉及模板、配套构配件和建造质量之间的尺寸协调，这是实现标准化的关键环节，必须遵循现行国家标准《建筑模数协调标准》GB/T 50002 的相关规定。

模数协调工作是建筑生产活动及其配套构配件生产供应的基础技术工作。遵循模数协调原则，全面实现尺寸配合，才能保证房屋建设过程在功能、质量、技术和经济等方面获得优化，促进房屋建设从粗放型生产转化为集约型的社会化协作生产。这里包括两层含义，一是尺寸和构配件安装位置各自的模数协调，二是尺寸与构配件安装位置之间的模数协调。

3.0.4 为了实现空中造楼机的标准化，一般以四个升降柱支撑的钢平台系统作为空中造楼机的标准化单元，然后根据高层住宅的楼栋体型进行组合，形成适配的空中造楼机。由于空中造楼机通过附墙支撑与建筑结构主体相连，因此需要根据风荷载、空中造楼机运行工况和建造工法复核高层住宅主体结构的短暂设计状况，从而确定附墙支撑预埋件及其附加配筋。对于房屋高度的适配，为了空中造楼机的通用化，一般将房屋高度分为 100m（含）以下和 100～180m 两种类型。

3.0.5 BIM 技术发展迅速。采用 BIM 技术可以更加直观地模拟空中造楼机建造工序，实现从图纸到配套构配件生产的数据无损传递，提高工业化建造水平。因此需要采用 BIM 正向设计实现产业链、供应链和建造端的协同和数据无损传递。

3.0.6 预制装配钢筋混凝土结构除了现场施工质量不稳定外，还存在混凝土构件合理运输半径、运输和起吊能耗等问题。因此基于空中造楼机建造高层住宅也应该考虑配套构配件的生产、运输、安装和质量控制的综合效率，并根据功能与安装部位、加工制作与安装精度确定合理的制造和安装公差，实现综合效益的最优。比如，墙钢筋网（笼）宜以钢筋网片作为工厂生产的主要产品形式，在现场进行工装形成钢筋笼，这样就可大幅提高运输效率。所以在建造现场建设配套构配件生产的移动工厂是一个可行的发展方向，从而构建完整的现场工业化生产线。

3.0.7 由于空中造楼机空间结构通过附墙支撑与高层住宅结构相连，且与建造时序、空中造楼机运行状态（尤其是风环境）关联，因此规定需要进行高层住宅主体结构与空中造楼机空间结构协同等专项设计内容。与一般建筑工程不同，为了提高建筑工业化程度，采用空中造楼机建造的高层住宅，住宅楼栋最好采用标准化户型模块和交通核模块进行组合设计；空中造楼机则根据楼栋体型和房屋高度，采用模块化的组合设计。

3.0.8 采用空中造楼机建造混凝土结构高层住宅属于大型成套装备施工。因此项目现场需要在合理布置空中造楼机升降柱基础的前提下，规划布局好轮式起重机、空中造楼机设备的进场道路和通行条件，以及配套构配件的临时堆场及其现场生产或工装场地、施工和消防安全设施及相关的给水排水和电力供应等。

3.0.9～3.0.10 空中造楼机专有技术所有者提供产品标准和建造工法，以及安装、拆卸、使用与维护作业指导书模板。建造企业需要根据所在区域气候条件和项目场地条件编制用于项目建造活动的安装、拆卸、使用与维护作业指导书。空中造楼机的安装、运行、拆卸、回落及转场均有相关的安全措施要求，包括但不限于建筑施工高处作业、建筑机械使用和项目现场临时用电等安全技术要求，需要严格遵守执行相关的行业标准和政府管理部门要求。

4　设　　计

4.1　一　般　规　定

4.1.3　高层住宅结构的短暂设计状况主要包括风荷载等通过空中造楼机附墙支撑传递给高层住宅主体结构的水平荷载，以及通过升降柱传递给基础的竖向荷载。该荷载与实测风速或预报风力等级和空中造楼机运行工况有关。现行国家标准《建筑结构荷载规范》GB 50009和《工程结构通用规范》GB 55001 对结构作用和荷载取值均有明确的规定。

4.1.4　对于长度或宽度较大的住宅楼栋，可以将一个建筑分为多个建造区段，每一个区段采用一套空中造楼机，以提高施工效率。一般高层住宅的底部几层会作为公共服务用房，并与住宅层之间设置管道转换层。当房屋高度超过 100m 时，还需设置避难层。采用空中造楼机建造时，除底部几层公共服务用房需要更大的层高外，其他层高相同，且剪力墙、梁、柱的布置相同，以便提高模板模架系统的通用性。

4.1.5　空中造楼机作为一个集成施工平台，既适用于现浇混凝土结构，也可用于装配整体式钢筋混凝土结构。比如交通核为现浇结构，其余为预制混凝土结构或钢结构。此时仅需要配置交通核或核心筒的模板模架系统，其余部位主要提供施工平台。所以，采用空中造楼机建造高层住宅时，外围护构件、阳台、空调板、楼板等均可采用预制构件。

4.2　建　筑　设　计

4.2.1　《工业化住宅尺寸协调标准》JGJ/T 445 规定了住宅模数网格的应用与协调，公共空间与套内空间，结构构件与连接，外墙围护系统和屋面围护系统，集成式厨房与卫生间、隔墙与整体收纳以及吊顶、楼地面与内门窗，室内设备与管线系统、设备管线的预留预埋等，适用于工业化住宅设计、生产、运输、施工安装及使用维护等全过程的尺寸协调。对于空中造楼机建造的高层住宅尤其重要，是设计高层住宅的基本要求。

4.2.2　目前空中造楼机模板模架系统还不能建造现浇弧形钢筋混凝土墙体。所以规定建筑体型采用矩形、"凹"字形、"L"形、"T"形、"工"字形或"十"字形等。

4.2.3　为了实现建筑立面的丰富性，可采用弧形阳台、变化的外窗洞口、有韵律的空调板、墙面装饰线条以及色彩变化等元素的组合实现建筑风貌的多样化。

4.2.4　采用大空间住宅布局方式，并合理布置剪力墙和管井位置，可以减少剪力墙和次梁数量，满足住宅空间的灵活性要求。楼面梁（不是指剪力墙连梁）可以采用钢梁或预制混凝土构件。

4.2.5　为了保障住宅建筑平面在竖向上的一致性，尤其是管井位置的一致性，并能实现

SI 体系，需要分区设置高层住宅公共空间和套内空间的管线和设备，并将穿越楼层的竖向管道和设施集中设置在套外管井或套内服务阳台内，避免套内管道穿越楼层。

4.2.6 目前空中造楼机对于错层空间需要采用后浇法施工楼板，所以尽量避免设计错层空间。

4.2.7 楼梯间、电梯井道等空间无水平楼板相连，相应部位的模板模架系统与普通房间不同，模板需要高出一个楼板厚度，同时为了减少因墙厚变化引起的模板调整工作量，规定楼梯间、电梯井道墙面在房屋侧沿建筑高度方向应平齐。

4.2.8 明确配套构配件的规格、定位公差和安装质量要求，可以最大限度地提高各专业、各工种、各工序的协调效率。

4.3 结 构 设 计

4.3.1 空中造楼机升降柱的位置和数量与住宅体型和组合相关，附图 9～附图 14 示意了矩形、"凹"字形、"T"形、"十"字形和"回"字形等住宅体型与空中造楼机升降柱基座数量与位置的关系。其中落地举升式是指在升降柱基座处自动加减升降柱标准节，需要配置自动加腿架，因此占用的基础面积大；落地爬升式是指在升降柱顶部加减升降柱标准节，需要塔式起重机吊运辅助加"腿"，因此占用的基础面积小。

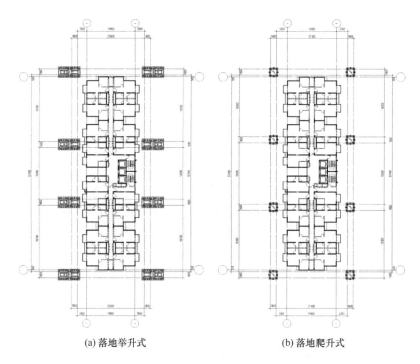

(a) 落地举升式   (b) 落地爬升式

附图 9 矩形住宅示意

4.3.2 采用落地爬升式空中造楼机时，需要在高层住宅外墙结构沿高度方向每间隔 3 层布置一处附墙支撑；采用落地举升式空中造楼机时，需要沿墙面竖向设置轨道式附墙支

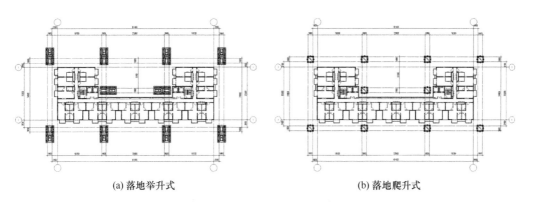

(a) 落地举升式　　　　　　　　　　　(b) 落地爬升式

附图 10　"凹"字形住宅示意

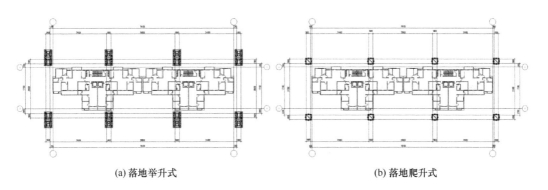

(a) 落地举升式　　　　　　　　　　　(b) 落地爬升式

附图 11　"T"形住宅示意图

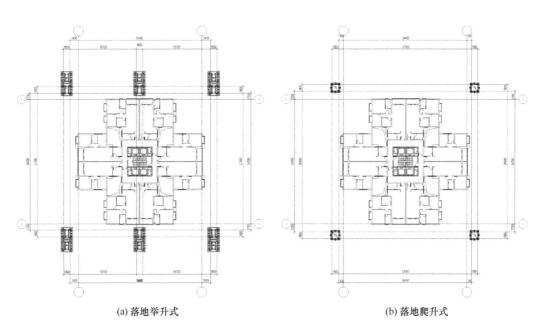

(a) 落地举升式　　　　　　　　　　　(b) 落地爬升式

附图 12　"十"字形住宅示意

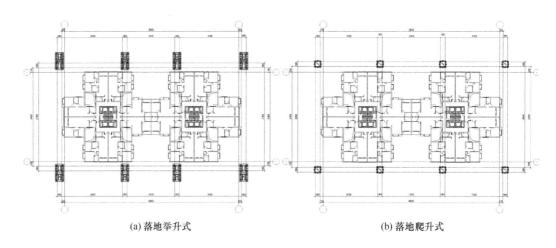

(a) 落地举升式   (b) 落地爬升式

附图 13　双"十"字形住宅组合示意

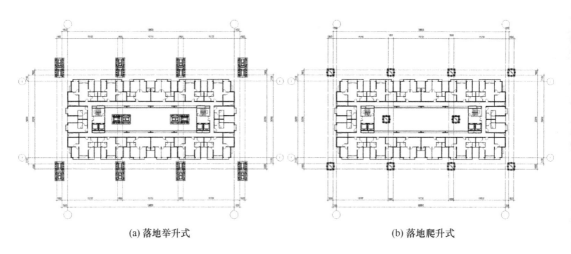

(a) 落地举升式   (b) 落地爬升式

附图 14　"回"字形住宅组合示意

撑。空中造楼机有正常工作状态、非工作状态、避险状态等各种运行状态，因此要求空中造楼机整体结构计算要准确反映以上所有情况，既要满足相关承载能力、变形控制和整体稳定性要求，也要找出局部受力薄弱环节并予以加强。

采用直接分析设计法按弹性分析计算空中造楼机整体结构，即考虑 $P\text{-}\Delta$ 和 $P\text{-}\delta$ 效应，同时引入整体和构件初始缺陷，不考虑材料非线性。整体初始几何缺陷代表值的最大值 Δ_0 按升降柱计算高度的 1/250 取，构件综合缺陷代表值按构件总长度的 1/300 取。

在计算模型选择时，升降系统、钢平台系统和附墙支撑系统中的结构杆件采用梁单元模拟。并采用如下基本假定：

（1）计算结构杆件轴力时，采用节点铰接假定。

（2）升降柱标准节之间的连接为铰接。

（3）钢平台桁架上、下弦杆与升降柱爬升架之间的连接为铰接。

（4）附墙支撑的两端采用铰接。

（5）升降柱底部支座采用铰接。

（6）爬升架导向轮与升降柱之间的连接只受压不受拉。

计算分析表明，爬升架滑轮与升降柱之间是否考虑缝隙对计算分析结果的影响很小。

空中造楼机处于正常工作状态，即平台顶部实测风速 V_Z 不超过 20.7m/s（风力等级不超过 8 级）时，模板模架系统可进行正常施工。验算杆件强度时，荷载取值按下列原则：

（1）风力等级取 10 级（V_Z＝28.4m/s）。

（2）操作平台上的活荷载取 2.0kN/m²。

（3）各平台上的设备设施按满载考虑，并根据其行走范围考虑其最不利分布。

（4）双梁桥式起重机、悬臂吊按其载重考虑动力效应，动力系数取 1.1。

（5）顶部钢平台考虑模板升降时的动力效应，动力系数取 1.1。

（6）荷载组合为 $1.3D+1.05L\pm1.5W_k$。

模板模架系统处于升降状态，即当风力等级不超过 6 级时，模板模架系统可进行升降操作。此时，荷载取值按下列原则：

（1）风力等级按 8 级（V_Z＝20.7m/s）。

（2）操作平台上的活荷载取 0.5kN/m²。

（3）按《落地式空中造楼机使用与维护指导书》的要求，各平台上的设备设施应空载且停放于规定位置。考虑荷载动力效应，动力系数取 1.1；

（4）荷载组合为 $1.3D+1.05L\pm1.5W$。

空中造楼机处于台风避险状态，即当计算风速 28.4m/s＜V_Z≤46.1m/s（风力等级超过 10 级，但不超过 14 级）时，应停止一切正常施工作业。按《落地式空中造楼机使用与维护指导书》的要求，平台上的设备设施应处于空载状态且停置于规定位置，顶部钢平台回落 2.5 层，模板模架系统降落至楼面并可靠地与主体结构连接。验算杆件强度与稳定时，荷载取值按下列原则：

（1）风力等级按 14 级（V_Z＝46.1m/s）。

（2）不考虑操作平台上的活荷载，不考虑动力效应。

（3）荷载组合为 $1.3D\pm1.5W_k$。

4.3.3 附墙支撑与主体结构之间的连接为铰接，因此附墙支撑传递给高层住宅主体结构的荷载只有水平两方向的拉力或压力。可按水平附加荷载设计值验算连接附墙支撑的预埋件及其附加配筋。

高层住宅外墙结构布置时需要考虑附墙支撑预埋件的设置要求和附墙支撑的安装要求。为保障附墙支撑与主体结构的连接为铰接，且高空安装附墙支撑的难度较大，需要采用简单可靠、受力明确的连接构造和预埋件，以及易于安装与固定的连接节点。

4.3.4 为快速配合设计，在升降柱基础结构方案选型时，可选用与房屋高度对应的升降柱基础荷载经验数据。为保证钢平台系统同步升降和空中造楼机结构安全，对升降柱基础之间的相对差异沉降做了严格的限制。

4.3.5 为了避免建造现场用错混凝土标号，要求在同一标高范围内的竖向受力构件采用同一强度等级的混凝土；为了提高工业化建造水平，非承重分户墙体也可采用空中造楼机通用模板模架系统浇筑轻骨料混凝土。

4.3.6 为了提高钢筋网（笼）的加工和运输效率，最好采用在同一截面钢筋绑扎搭接的方式。剪力墙竖向分布筋是使用数量最多的，因此规定采用 100% 在同一截面搭接连接方式；而一、二级剪力墙底部加强部位或剪力墙边缘构件主筋可 100% 在同一截面采用螺纹套筒连接的方式，以满足抗震钢筋连接要求。交汇于节点处的各种钢筋如排布不当，会影响保护层厚度。专门设计的节点钢筋排布还能优化节点钢筋布局，提高工装效率。

4.4 室 内 装 修 设 计

4.4.1 室内装修设计也是建筑工业化的关键环节，设计内容包括门窗安装节点、厨房和卫生间设备、隔墙、收纳、照明、插座、供暖制冷末端和智能家居等系统等，尤其是这些系统涉及的预留管道、预留洞口和接口。

4.4.2 采用标准化和模块化的表达方式，可以引导设计人员关注标准化设计。采用双线网格界面定位法定位室内装修构配件，会让构件连接和系统接口的尺寸协调和位置协调更加容易，并能反映出工序要求和公差配合。提供工程量清单便于现场协调构配件供应和堆场的需求。

4.4.3 采用标准化的集成整体卫浴和不降板排水系统，可减少楼板预埋管道的工序，而且符合户间隔声、不跨户检修的居住需求。将排水接口和检查孔设置在竖向管井内，也是进一步满足减少楼板预留洞口、便于运维检修的要求。

4.4.4 当生活阳台与厨房毗邻时，就有条件将燃气立管及计量表具、厨房排水立管等设置于生活阳台内，减少在厨房楼板预留洞口的数量。减少厨房内的竖向管道和排烟道，会极大地提高厨房空间的使用效率。在寒冷地区，设置在阳台上的排水立管需要采取保温防冻措施。

4.4.5～4.4.7 由于墙面预留洞口需要增加洞口支模工序，也不利于分户隔声，因此要求户内配电箱和弱电箱明装，在竖向管井内的公共强弱电和消防系统也要求明装。在现浇钢筋混凝土结构中预埋强弱电线路，供暖管道等不利于检修，且会增加施工工序。

4.4.8 室内装修构配件的组合及其类型数量都与生产与运输成本和安装效率有关，因此需要综合权衡。

4.5 空中造楼机与建筑结构协同设计

4.5.1 当非标准层小于标准层高度时，采用与非标准层高度相同的非标升降节予以调整。

当非标准层高度超过标准层高度时，为保证爬升架和液压系统的通用性，需要采用 2 个非标升降节。

4.5.2 为了保证空中造楼机模板模架系统的组装精度，需要在首个建造层楼面浇筑完成并施划墙、梁定位线后开始组装工作。模板模架自重、构配件堆载需要楼板承载能力满足施工荷载 $4kN/m^2$ 的要求。如果混凝土强度未能达标或者楼板承载力设计值不能满足，就需要在该楼板以下增设临时支撑。

4.5.4 本条为空中造楼机定型鉴定和构配件清单的原则性要求，具体要求会在空中造楼机产品标准中体现。

5 配 套 构 配 件

5.1 一 般 规 定

5.1.1 配套构配件设计与施工是完整建筑工业化的关键环节，需要与空中造楼机建造工序和质量要求协调匹配。

5.1.2 无论是现场工装还是工厂生产的钢筋网（笼），其构造和附加钢筋均需考虑运输和吊装时的刚度要求，以防变形。

5.1.3 空中造楼机模板模架系统是以墙、梁围合空间为基本单元的。当采用自承重预制外围护结构时，外围护结构可以作为外墙模板，但需采用穿墙螺栓与内模板模架系统连接，以满足外墙混凝土浇筑时的板刚度和定位的要求。

5.2 钢 筋 网 （笼）

5.2.1～5.2.2 钢筋网（笼）由钢筋骨架或型钢、钢筋网片和箍筋等部件组装形成，可分为用于剪力墙构造配筋部分的钢筋网（笼）和用于节点加强部位的钢筋网（笼）。只有制造质量合格并按要求堆放和安装才能避免钢筋网（笼）变形。变形后的网（笼）不仅影响受力，也会干涉模板模架系统下落合模。

5.3 模 板

5.3.1 空中造楼机仅解决了墙、梁等竖向构件的混凝土模板工程。为了提高建筑工业化水平，本条规定楼板模板优先选择免支撑或局部支撑的预制叠合楼板或钢筋桁架楼承板，减少模板的使用。

5.3.2～5.3.3 与传统施工方法不同，空中造楼机将所有竖向构件的模板集成在模架系统上，模板间操作空间有限。为了提高建造效率，本条规定优先采用塑料模板或复合材料模板等免脱模剂类的模板，减少刷脱模剂和清理模板的工序。当采用铝模板时，需要增加清理模板和刷脱模剂的工序。

5.3.4 门窗部品的制作偏差与结构中门窗洞口的建造偏差需要符合尺寸协调原则，保证门窗可以作为一种工业化产品在现场进行安装，杜绝逐个丈量门窗洞口、逐个门窗定制生产的手工业施工方式。

5.4 保 温 板

5.4.1 空中造楼机建造工法的关键是内外模板的自动开模和自动合模。当建筑需要设置外保温时，需将保温板或保温装饰一体化板固定在钢筋笼上，合模后的浇筑工艺类似普通大模内置保温板施工工艺。

5.4.2 提出这条规定的原因是，在上海等长江流域，冬季平均气温 0～10℃，温度不是很低，采用内保温时楼层梁板热桥部位不会结露，因此依然可以使用外墙内保温。事实上，在间歇用能情况下，相比外保温方式，内保温箱体的热反应速度较快，蓄热负荷较小，箱体内升温速率较高，达到空调设定温度会更快，具有更明显的全年节能效益。

5.5 其 他 构 配 件

5.5.1 在住宅建筑中，经常出现以剪力墙作为支座的楼面梁。可以采用预制叠合梁，并在楼板施工前安装到位。这样做既解决了楼面梁模板的定位与固定问题，也简化了模板模架系统，减少了模板模架单元的数量。

5.5.2 楼梯段是建筑施工最繁杂的工程。因此条文规定采用预制混凝土楼梯段或钢楼梯段。

5.5.3 此条规定的目的是尽量减少管井的数量，提高工业化建造效率。

5.5.4 外模板模架系统采用平行四连杆悬挂在顶部钢平台下（附图 15），可实现自动定位但不能实现自动固定，需要采用穿墙螺栓方式与内模板模架系统实现固定以克服混凝土浇筑产生的侧压力。开模前需将螺母和挡板取下并取出对拉螺杆后自动开模。

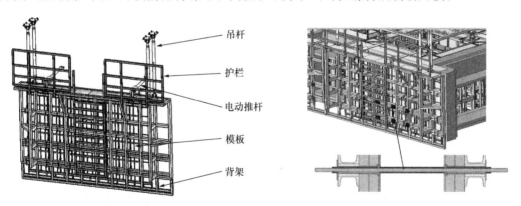

吊杆

护栏

电动推杆

模板

背架

附图 15 外模结构及其与内模板用穿墙螺栓固定示意图

6 建 造

6.1 组 织 管 理

6.1.1 由于空中造楼机建造高层住宅项目涉及高层住宅的标准化设计、配套构配件的工厂化生产、空中造楼机选型与协同设计、现场工业化建造、大型装备安装拆卸与运行维护、安全与环保等的全产业链、全专业与全过程，因此本条规定采用工程总承包模式。

6.1.2 经过测算，每一台空中造楼机建造运营过程理论上仅需要 25 人的建造与管理团队。但为了应对建造过程中可能出现的各种特殊状况，比如大风避险状态时，需要将空中造楼机回落到已建造楼面，并在较短的时间内开展模板模架系统合模，采取辅助措施将升降柱与主体结构连接固定，检查所有移动设备是否处于紧急避险位置等。因此，建议组织一个 50 人左右的建造与管理团队，同时在一座城市或一个工地上运营 2 台及以上空中造楼机，并交叉支援。附图 16 示意了一个由 50 人组成的空中造楼机建造与管理团队架构。

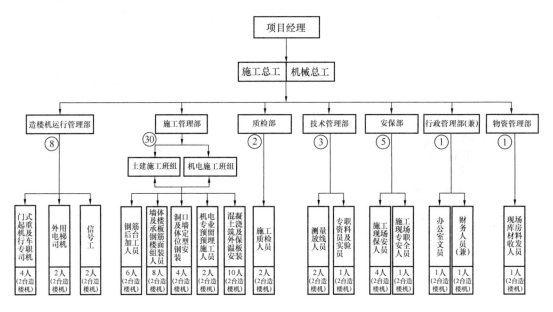

附图 16 空中造楼机建造与管理团队架构示意图

6.1.3 空中造楼机属于大型集成施工装备平台，具有高技术性、高安全性要求。需要建立专门的运行管理制度和岗位责任制度。

6.1.4～6.1.5 空中造楼机建造高层住宅的施工组织设计与常规施工组织设计不同，需要把空中造楼机建造工序及其设备运行纳入建筑施工流程之中，包括配套构配件的进场时间、堆场需求。

6.2 建 造 场 地

6.2.1~6.2.6 为满足空中造楼机设备安装与拆卸、预拌混凝土运输车辆进出和大体积构配件运输的要求，本条规定在空中造楼机周边设置与场地外部道路相连的环形运输通道，并满足施工荷载的要求。同时还要为配套构配件规划临时堆放场地，并能匹配空中造楼机建造工序和吊装能力。

6.3 建 造 环 境

6.3.1 为保障空中造楼机液压系统、润滑系统正常工作，避免设备结露，本条规定了空中造楼机运行的环境温度和相对湿度。

6.3.2 空中造楼机包括塔式起重机吊运和钢平台升降等高空作业。为保证安全，对起吊作业和钢平台升降作业时的实测风速进行了专门规定。

6.4 安装与拆卸流程

6.4.1~6.4.3 条文规定了空中造楼机现场安装需要具备的 3 个基本条件：一是升降柱基座的强度和预埋件数量与位置准确；二是首个建造层楼面混凝土结构平整、墙、梁定位划线完成，并满足承载力要求；三是待建造建筑周边 15m 范围内没有妨碍空中造楼机安装与运行的障碍物等。

6.4.4~6.4.5 本条仅规定了空中造楼机安装的总体流程。具体安装要求需根据"落地式空中造楼机安装与拆卸作业指导书"进行。

6.4.6 空中造楼机顶部钢平台下降 2.5 个标准节的过程就是模板定位支模的过程，上升 3.5 个标准节的过程就是模板拆模的过程。因此，当完成一个标准建造层墙、梁混凝土浇筑并达到拆模强度时，顶部钢平台上升 3.5 个标准节，然后双梁桥式起重机平台连同操作平台一体上升 1 个标准节。此时空中造楼机实现整体提升 1 个标准层高度。

6.4.7~6.4.8 无论是落地爬升式还是落地举升式空中造楼机，均需依托已完成浇筑的建筑结构主体，设置水平稳定支撑系统，以保障空中造楼机在运行、大风或紧急状态时的空间侧向稳定性能，并可靠传递空中造楼机受到的水平荷载。其中，落地爬升式空中造楼机一般间隔 3 层设置一道水平附墙支撑；落地举升式空中造楼机则在升降柱对应的已建主体结构墙面上设置连续附墙轨道，并通过间隔 3 层的可滑移水平支撑装置将升降柱与主体结构相连。

6.4.9 屋面混凝土浇筑完成 14d 后，混凝土的强度才可能满足屋面后续施工、空中造楼机局部构配件的拆卸对地面强度的要求。空中造楼机拆卸与回落过程也是外墙构配件安装和外装修施工的过程，横跨 5 层高的下挂平台是外墙构配件安装和外装修施工的平台。

6.4.10~6.4.13 空中造楼机回落与运行一样，有着严格的时序、安全和空间的要求。设备厂家或造楼机运行管理企业会提供"落地式空中造楼机安装与拆卸作业指导书",并对转场技术方案提出要求,实现边回落边转场,减少空中造楼机构配件对建造现场堆放空间造成的压力。

6.5 建 造 流 程

6.5.1~6.5.4 空中造楼机建造高层住宅项目的流程既包括设备安装、调试、运行、维护和回落过程,也包括钢筋绑扎、电气管线预埋、预制楼板等构件安装、混凝土浇筑等与常规施工方法类似的过程,这些过程均集中在钢平台系统上完成。"落地式空中造楼机建造工法""落地式空中造楼机安装与拆卸作业指导书"和"落地式空中造楼机使用与维护指导书"是开展这些建造活动的配套文件。目前的空中造楼机仅适合标准化程度较高的高层住宅,因此,地下室和低层非标准层以及屋顶机房与女儿墙仍需按照常规施工方法施工。

6.5.5 为了提高建造速度,主体结构和室内装修施工需要穿插进行。本条规定了室内装修插入的时机。

6.5.6 由于空中造楼机钢平台属于空中悬臂状态,会产生较小的位置偏差。本条规定通过房屋高度方向垂直度和楼面标高的检测,确保建造误差控制在容许的范围内。房屋高度方向垂直度和楼面标高的检测,一般采用激光投点的测量方法。

6.6 钢筋网与保温板安装

6.6.1 首个建造层的梁钢筋骨架或钢筋网(笼)安装基准线与模板模架系统组装基准线是同一条线。采用激光仪等自动化装置进行墙、梁定位划线,更符合建筑工业化关于智慧建造的要求。

6.6.2 墙、梁钢筋网(笼)产品标准化设计是根据使用部位进行划分的。最为复杂的是边缘构件的钢筋网(笼),边缘构件分约束边缘构件和构造边缘构件。一般按照边缘构件的形状进行划分,包括 L 形、T 形、〔形、Z 形、十字形等。为了准确安装,本条规定按部位和形状进行编号。

空中造楼机的运输系统包括垂直和水平运输。垂直运输可以采取物料垂直运输平台或由塔式起重机吊运至物料转运平台。当采用塔式起重机转运时需要采用专用吊具吊装钢筋骨架、钢筋网片或钢筋网(笼)。水平运输由双梁桥式起重机承担,并从物料转运平台抓取物料。

6.7 墙、梁混凝土浇筑和养护

6.7.1 墙、梁模板合模定位是空中造楼机建造工法的关键工序。在总结前期试验建造中所采取的定位型钢、锥套、牵引及自动水平定位等 4 种方案优缺点的基础上,选择了设置内模定位型钢实现水平定位和限位的方法。在模板下落合模前,在模板的 4 个角模上端用螺栓将定位型钢与定位支座固结，定位支座安装在角模的上端，安装后的定位型钢的内侧两边与角模的两个垂直面在同一平面上。剪力墙浇筑完毕后，将连接螺栓松开，开模后，钢平台整体提升，定位型钢被预埋在混凝土中，上部分裸露在外。楼面混凝土浇筑后，定位型钢又一次被预埋部分，最后裸露在楼面外的高度为70mm。下一个标准层施工时，模板下落，预埋的定位型钢则起到定位和限位作用。首个建造层地面依然用传统方式预埋定位型钢定位。

6.7.2 干涉模板系统合模的因素包括钢筋网（笼）局部变形、定位型钢位置偏差、洞口模板平面外安装误差等，因此本条规定在模板模架系统降落前逐个检查干涉问题。由于存在现浇楼面的平整度问题，而定位型钢距楼面为70mm，因此本条规定模板底部降落至距离楼板表面50mm时，才能进行合模动作，过早合模可能造成模板下部与定位型钢无法重合，不能实现模板定位。

6.7.3 空中造楼机建造高层住宅时，由于模架空间较小，无法实现模板外振捣。另外，混凝土振捣也会产生较大的施工噪声。因此条文规定墙、梁混凝土浇筑优先采用高流动性免振捣自密实混凝土，坍落扩展度一般为500～600mm。

6.7.4～6.7.5 混凝土浇筑时可能造成墙体竖向钢筋上部变形或变位，需要及时校对调整连接钢筋。为给格构钢筋楼承板或预制叠合楼板的安装定位提供基础条件，减少二次剔凿调整的工作量，条文规定墙、梁混凝土表面平整且浇筑高度不超过楼板底面高度5mm。

6.8 楼板模板安装与混凝土浇筑养护

6.8.1 本条规定了预制叠合楼板或钢筋桁架楼承板的吊装要求。由于楼板施工时，上部有模板模架系统，塔式起重设备无法将楼板或模板一次吊装到相应位置，需要通过物料转运平台，再由双梁桥式起重机水平吊运至规定位置。

6.8.6 楼板普通混凝土的坍落度一般不大于160mm。采用双梁桥式起重机吊挂布料斗浇筑楼面混凝土工艺，可提高混凝土浇筑的自动化程度。

7 安 全 和 环 保

7.1 安 全

7.1.1 在空中造楼机钢平台上的任何作业都属于高空作业，因此条文采用了与《建筑施工高处作业安全技术规范》JGJ 80 一样的相关规定。

7.1.3 确保安全是空中造楼机建造高层住宅项目最重要最基础的要求。设置专职安全员可以及时发现并报告安全隐患，记录安全管理过程，统计安全生产规律，贯彻安全工作纪律。

7.1.4 为防止关键部位或构件超载引发安全事故，条文规定在空中造楼机各操作平台的显著位置标明可承载范围及其允许荷载值。确保在任何情况下，设备、材料及人员等荷载在规定位置和允许荷载范围内。

7.1.5 在大风条件下开展钢平台的升降作业比较危险。参照塔式起重机标准中关于顶升作业的风速限制数据，规定实测风速超过 12m/s 时停止钢平台系统的升降作业并采取保护措施。

7.1.6 空中造楼机正式使用前或因恶劣天气、故障等原因停止运行后，为避免可移动设施设备滑移产生安全隐患，本条规定锁定操作平台、升降系统和起重设备等。因此，重新启动前需要进行全面的安全检查并解锁。

7.1.7 升降柱基础沉降和空中造楼机重要构件变形会对空中造楼机整体结构的侧向稳定、钢平台安全和同步升降产生重大影响，因此需要实时监测、自动报警，并能及时停止空中造楼机的运行。

7.2 安 装 与 拆 卸

7.2.1～7.2.3 空中造楼机属于复杂的大型集成装备，不仅包含塔式起重机、双梁桥式起重机等起重设备，还有钢平台系统同步升降等工况，其安装拆卸是一项专业性极强并需要组织保障的工作。因此规定由具备起重设备安装资质的单位和持证上岗的专业人员进行安装与拆卸工作，通过验收检验后才能交付运行团队。

7.3 运 行

7.3.1～7.3.3 与空中造楼机的安装与拆卸工作一样，规定空中造楼机的运行由持证上岗的专业人员操作，并按要求听从总指挥的调度，防止由于多点支撑与升降的实际问题信息反馈不同时，造成误操作。

7.4 维 护 与 保 养

7.4.1～7.4.7 设备厂家或运行管理企业会提供"落地式空中造楼机使用与维护指导书"。本节仅规定了与安全相关的维护与保养要求。

7.5 环 保

7.5.1～7.5.5 本节规定了与环境保护相关的噪声、公共卫生、垃圾处理和环境污染控制等内容。

8 工程质量验收

8.0.1~8.0.2 空中造楼机产品及其建造工法目前属于企业的知识产权，所以空中造楼机的出厂检验、型式检验以及现场安装质量检验与验收均采用现行企业标准。

8.0.3 采用空中造楼机模板模架系统浇筑钢筋混凝土工程的质量验收与现行国家标准关于混凝土结构工程施工质量验收规范的要求是一致的。随着研发迭代和技术进步，混凝土浇筑质量会比标准要求得更高，可以实现毫米级的尺寸精度和清水混凝土的表观质量。

8.0.4 空中造楼机建造高层住宅的核心技术包括两个层面，一是采用模板自动开合技术实现墙梁混凝土的现场工业化建造，二是提供一个可同步自动升降的落地式施工平台，实现各种施工设备和施工作业平台的集成。因此，除了竖向承重结构采用工业化现浇工艺外，其他均可以采用装配式建筑技术，集成施工平台提供了预制构件的精确安装条件。因此，预制构件、配套构配件、部品、设备与管线的安装质量验收均可采用现行国家标准《装配式混凝土建筑技术标准》GB/T 51231 的规定。

附录 C

十三五课题科技报告附件清单

附件 1　落地爬升式空中造楼机整体结构分析计算报告

附件 1-1　落地装配式模架系统整体结构分析计算报告—东南大学

附件 1-2　落地装配式模架系统有限元分析报告—深圳市卓越工业化智能建造开发有限公司

附件 1-3　落地装配式模架系统结构计算书—北京中奥建工程设计有限公司

附件 1-4　落地装配式模架系统整体结构计算分析报告—中国建筑设计研究院

附件 2　空中造楼机关键部件试验与系统调试报告

附件 2-1　落地装配式模架系统制造与试验要求

附件 2-2　格构型升降柱局部稳定性试验报告（东南大学）

附件 2-3　附墙节点预埋件及混凝土受力测试试验报告

附件 2-4　标准节额定承载力 100t 和单踏步 60t 超载加压试验报告

附件 2-5　内外模板总成部件开合模与浇筑试验报告

附件 2-6　顶部钢平台系统同步升降测试与试验报告

附件 2-7　操作平台同步升降测试与试验报告

附件 2-8　模架系统同步升降整体联动测试与试验报告

附件 2-9　模架系统整体浇筑测试与试验报告

附件 2-10　关键部件试验与系统调试检验报表

附件 3　空中造楼机第三方检测检验报告

附件 3-1　爬升架焊缝超声波探伤检测报告—广东科艺建设工程质量检测鉴定有限公司

附件 3-2　升降柱标准节焊缝磁粉检测报告—江苏诚安检验检测有限公司

附件 3-3　附着式升降脚手架（落地爬升式空中造楼机）产品检验报告—深圳远大科技检测技术有限公司

附件 3-4　落地装配式模架系统（落地爬升式空中造楼机）受力检验报告—国家起重运输机械质量监督检验中心

附件 3-5　落地装配式模架系统（落地爬升式空中造楼机）防雷装置接地电阻检测报

告—湖北雷特防雷检测有限公司

附件3-6 落地式模架系统施工技术安全性及预浇筑试验成果专家评审意见

附件3-7 落地装配式模架系统工程（空中造楼机）承载力检验报告—国家起重运输机械质量监督检验中心

附件4 空中造楼机示范工程专项方案

附件4-1 谭屋围10号楼"落地装配式模架系统"安装安全专项方案及应急预案

附件4-1-1 谭屋围10号楼"落地装配式模架系统"安全专项施工方案报批件及专家论证意见

附件4-1-2 谭屋围10号楼"落地装配式模架系统"安装安全专项方案

附件4-1-3 谭屋围10号楼"落地装配式模架系统"安装应急预案

附件4-2 谭屋围10号楼"落地装配式模架系统"附墙与顶升专项方案及应急预案

附件4-2-1 谭屋围10号楼附墙与顶升方案报审表

附件4-2-2 谭屋围10号楼"落地装配式模架系统"附墙与顶升专项方案

附件4-2-3 谭屋围10号楼"落地装配式模架系统"附着顶升应急预案

附件4-3 谭屋围10号楼"落地装配式模架系统"拆除专项方案及应急预案

附件4-3-1 谭屋围10号楼"落地装配式模架系统"拆除专项方案

附件4-3-2 谭屋围10号楼"落地装配式模架系统"拆除应急预案

附件5 课题相关工法、标准、专利及论文

附件5-1 《落地式空中造楼机企业标准》QB 003—2020

附件5-2-1 《落地式空中造楼机建造混凝土结构高层住宅技术规程》发布公告

附件5-2-2 《落地式空中造楼机建造混凝土结构高层住宅技术规程》T/ASC 31—2022

附件5-3-1 《落地式空中造楼机建造工法证书》（上海建工企业级工法证书）

附件5-3-2 《落地式空中造楼机建造工法》（上海建工企业级工法）

附件5-4 《落地式空中造楼机使用与维护指导书》

附件5-5 《落地式空中造楼机安全操作手册》

附件5-6 《落地式空中造楼机产品质量检验验收指导书》

附件5-7 课题专利证书清单及证书

附件5-8 空中造楼机相关国内外专利现状分析报告

附件5-9 课题发表的相关论文

附件6 示范工程

附件6-1 示范工程备案表

附件6-2 示范工程实施方案

附件6-3 示范工程实施方案论证意见

附件6-4 示范工程验收报告

参 考 文 献

[1] 中华人民共和国住房和城乡建设部. 装配式混凝土结构技术规程: JGJ 1—2014 [S]. 北京: 中国建筑工业出版社, 2014.

[2] 国家住宅与居住环境工程技术研究中心, 中国建筑设计院有限公司. 我国高层住宅工业化体系现状研究[M]. 北京: 中国建筑工业出版社, 2016.

[3] 中华人民共和国住房和城乡建设部. 建筑抗震设计规范 (2016 年版): GB 50011—2010 [S]. 北京: 中国建筑工业出版社, 2016.

[4] 张良杰. 我国爬模技术发展历程与技术进步[J]. 施工技术, 2014, 43(23): 1-3.

[5] 袁文岑, 雷传勇, 王博. 液压爬升模板系统中内爬塔支撑钢梁自周转技术的工程应用[J]. 施工技术, 2016, 45(S1): 743-745.

[6] 住房和城乡建设部等部门关于推动智能建造与建筑工业化协同发展的指导意见(建市〔2020〕60 号)[EB/OL]. [2020-07-03]. https://www.mohurd.gov.cn/gongkai/fdzdgknr/tzgg/202007/20200728_246537.html.

[7] 住房和城乡建设部等部门关于加快新型建筑工业化发展的若干意见 (建标规〔2020〕8 号)[EB/OL]. [2020-08-28]. https://www.mohurd.gov.cn/gongkai/fdzdgknr/tzgg/202009/20200904_247084.html.

[8] 仲继寿. 关于建立住宅质量单一责任主体与住房服务业的思考[J]. 当代建筑, 2020(5): 16-20.

[9] 李静雅, 高枫, 陈天予, 等. 基于专利分析的高层建筑施工技术前景预测[J]. 广东土木与建筑, 2021(3): 73-78.

[10] 巴凌真等. 高层混凝土泵送施工技术研究进展[C]. 超高层混凝土泵送与超高性能混凝土技术的研究与应用国际研讨会论文集(中文版), 2008: 179-185.

[11] NAUMOV V, VELIKANOV N. Consideration of the characteristics of the concrete mix when choosing concrete pump[J]. Materials science and engineering, 2018, 365(3): 032017.

[12] CHOI M, FERRARIS C F, MARTYS N S, et al. Metrology needs for predicting concrete pumpability[J]. Advances in materials science and engineering, 2015(10).

[13] KWON S H, JANG K P, KIM J H, et al. State of the art on prediction of concrete pumping[J]. International journal of concrete structures and materials, 2016, 10(3): 75-85.

[14] 汪培友, 郭高巍, 周翔, 等. C50 泵送混凝土配合比优化试验研究[J]. 混凝土世界, 2021(6): 68-73.

[15] 任一等. 超高层高强泵送混凝土配制技术研究[J]. 商品混凝土, 2021(6): 56-59.

[16] KAMAL M M, SAFAN M A, BASHANDY A A, et al. Experimental investigation on the behavior of normal strength and high strength self-curing self-compacting concrete[J]. Journal of building en-

gineering，2018，16：79-93.

[17] 中华人民共和国国家质量监督检验检疫总局，中国国家标准化管理委员会．自密实混凝土应用技术规程：JGJ/T 283—2012[S]．北京：中国建筑工业出版社，2012.

[18] 王睿敏．易于自动化生产的剪力墙用钢筋网及构成的剪力墙：CN203924492U [P]．2014-11-05.

[19] 常鹏，贾英杰，袁泉．一种钢筋笼及其安装方法：CN106193457B[P]．2019-07-12.

[20] 中华人民共和国住房和城乡建设部．高层建筑混凝土结构技术规程：JGJ 3—2010[S]．北京：中国建筑工业出版社，2010.

[21] 中华人民共和国住房和城乡建设部．混凝土结构设计规范（2015 年版）：GB 50010—2010[S]．北京：中国建筑工业出版社，2015.

[22] 张士前，陈越时，刘亚男，等．装配式剪力墙竖向分布钢筋连接程度研究进展[J]．西南交通大学学报，2020，56(4)：828-838.

[23] 邱过门石．一种铝塑混合建筑模板系统：CN208220183U[P]．2018-12-11.

[24] 王宏军，李向东．环保型混凝土免脱模剂模板：CN2680774 [P]．2005-02-23.

[25] F・A・瓦伏拉，S・R・麦勒姆，J・C・泰勒，等．用于混凝土灌注模板的免脱模剂的可多次使用的基于聚合物的合成材料复合材料及其制造方法和应用：CN101426990[P]．2009-05-06.

[26] ORDAZ R A. Modular，multiperforated permanent formwork construction system for reinforced concrete：Patent 9850658 [P]. 2017-12-26.

[27] Assembling and dsmantling-beforehand structural emplate systemand construction method thereof（预先装配、组装结构模板系统及其施工方法）0298344A1[P]. 2016.

[28] KRAWCZYŃSKA-PIECHNA A. Comprehensive approach to efficient planning of formwork utilization on the construction site[J]. Procedia engineering，2017，182：366-372.

[29] KIM T，LIM H，LEE U K，et al. Advanced formwork method integrated with a layout planning model for tall building construction[J]. Canadian journal of civil engineering，2012，39(11)：1173-1183.

[30] LEE D，LIM H，KIM T，et al. Advanced planning model of formwork layout for productivity improvement in high-rise building construction[J]. Automation in Construction，2018，85：232-240.

[31] 贾向辉．超高层建筑施工垂直运输体系的选择[J]．建筑技术开发，2021(04)：79-81

[32] 中华人民共和国住房和城乡建设部．液压升降整体脚手架安全技术标准：JGJ/T 183—2019 [S]．北京：中国建筑工业出版社，2019.

[33] 中华人民共和国住房和城乡建设部．施工脚手架通用规范：GB 55023—2022 [S]．北京：中国建筑工业出版社，2022.

[34] PUCCINELLI J S，FOSEID P T. Adjustable post and method of using the post to erect suspension scaffolding：Patent 4815563[P].1989-3-28.

[35] XU H W，LIU B L，WEN D G. Study on the lifting system of attached type lifting scaffold[C]. Applied mechanics and materials，2014，584：2087-2092.

[36] YUE F，LI G Q，YUAN Y. Design methods of integral-lift tubular steel scaffolds for high-rise building construction[J]. The structural design of tall and special buildings，2012，21(1)：46-56.

[37] KIM T，LIM H，CHO H，et al. Automated lifting system integrated with construction hoists for table formwork in tall buildings[J]. Journal of construction engineering and management，2014，140 (10)：40-49.

[38] 邬荒耘，杨磊，潘峰. 多功能模块化立面自动升降作业平台在装配式建筑施工中的应用[J]. 建筑施工，2020(8)：1470-1472.

[39] 龚剑，黄跃申，黄玉林，等. 一种导架爬升式工作平台系统：CN206625528U[P]. 2017-11-10.

[40] 唐际宇，林忠和，戈祥林，等. 一种用于超高层建筑施工的内顶外爬式模架施工平台：CN206233541U [P]. 2017-06-09.

[41] 唐际宇，林忠和，戈祥林，等. 一种超高层建筑的水平与竖向结构同步施工方法：CN106400951B [P]. 2019-04-30.

[42] SHEN W，HAO Q，MAK H，et al. Systems integration and collaboration in architecture，engineering，construction，and facilities management：A review[J]. Advanced engineering informatics，2010，24(2)：196-207.

[43] WAKISAKA T，FURYA N，INOUE Y，et al. Automated construction system for high-rise reinforced concrete buildings[J]. Automation in construction，2000，9(3)：229-250.

[44] IKEDA Y，HARADA T. Application of the automated building construction system using the conventional construction method together[C]. Proceedings of 23rd international symposium on automation and robotics in construction，2006：722-727.

[45] 曹万林，李凤丹，乔崎云，等. 造楼机附墙装置连接构造抗拉拔性能试验[J]. 建筑结构，2021 (10)：65-72.

[46] 东莞市华楠骏业机械制造有限公司. 一种用于提升的多级丝杆与提升油缸组合提升装置：CN2019106246794[P]. 2019-08-09.

[47] 深圳市协鹏建筑与工程设计有限公司. 一种用于落地式和自爬式整体施工作业平台：CN210366717U[P]. 2020-04-21.

[48] 深圳市卓越工业化智能建造开发有限公司. 一种整体水平开合式模板系统：CN212535059U[P]. 2021-02-12.

[49] 深圳市卓越工业化智能建造开发有限公司. 一种轨道移动式混凝土定点浇筑布料装置：CN212535110U[P]. 2021-02-12.